‖ 邓睿 编著 ‖

新娘经典编发100例

人民邮电出版社

北 京

图书在版编目（ＣＩＰ）数据

新娘经典编发100例 / 邓睿编著. -- 北京 ：人民邮
电出版社，2013.8（2015.9重印）
　ISBN 978-7-115-32392-7

　Ⅰ．①新… Ⅱ．①邓… Ⅲ．①女性－发型－设计
Ⅳ．①TS974.21

　中国版本图书馆CIP数据核字(2013)第142397号

内 容 提 要

　　本书包含100个新娘编发设计案例，按风格分为唯美韩式发型、可爱日式发型、典雅中式发型、复古欧式发型和浪漫田园发型5个部分，都是影楼摄影、新娘当天会用到的经典发型。本书中的案例融入了三股编辫、四股编辫、蝎子编辫、鱼骨编辫等多种编发手法，每款发型都通过图例与步骤说明相对应的形式进行讲解，分析详尽、风格多样、手法全面，每个案例都展示了正面、背面、左侧、右侧四个角度的最终效果，并进行了造型提示，使读者能够更加完善地掌握造型方法。

　　本书适用于在影楼从业的化妆造型师和新娘跟妆师，同时也可供相关培训机构的学员参考使用。

　　◆ 编　　著　邓　睿

　　　　责任编辑　赵　迟

　　　　责任印制　方　航

　　◆ 人民邮电出版社出版发行　　北京市丰台区成寿寺路 11 号
　　　　邮编　100164　电子邮件　315@ptpress.com.cn
　　　　网址　http://www.ptpress.com.cn

　　　　北京盛通印刷股份有限公司印刷

　　◆ 开本：889×1194　1/16

　　　　印张：14

　　　　字数：600 千字　　　　　　　2013 年 8 月第 1 版

　　　　印数：12 501 - 14 000 册　　2015 年 9 月北京第 7 次印刷

定价：98.00 元
读者服务热线：**(010) 81055410**　印装质量热线：**(010) 81055316**
反盗版热线：**(010) 81055315**
广告经营许可证：京崇工商广字第 0021 号

化妆造型是一门多元化的美学艺术。技艺塑造美丽，影楼化妆师承载着每个女人做美丽新娘的美好愿景，通过使她们完成从普通人到人间精灵的完美蜕变给她们带来惊喜、愉悦和自信。感谢这个职业给了我们无限的创意和发挥自己想象力的空间，展现出我们对人生的理解和对人类的爱。"一花独放不是春"，要使人们都欣赏并领略到化妆造型的神奇魅力，需要更多优秀的化妆造型师把自己丰富的化妆经验传授或分享给更多的人，使他们掌握化妆技艺，进而充分享受到化妆造型给生活带来的快乐。

如果没有时间为自己在思想上做出调整和修改，或者在工作中过于劳累，都可能会导致灵感枯竭的现象。创作思维来自于积极乐观的心态和工作经验的积累。要想成为一名优秀的化妆造型师，可以在业余时间阅读一些相关的专业书籍，观摩业内精英的优秀作品，加强与同行的交流，并在实践中不断提高自己的技艺。

在本书中，我们精心制作了100个简洁、自然、时尚、实用的新娘造型实例。别致的编发是其中的亮点，通过多种不同的编织技巧，将编织手法结合直发、卷发、盘发的形式，打造了唯美韩式、可爱日式、典雅中式、复古欧式、浪漫田园五种风格的新娘编发造型，令新娘显得年轻、时尚、自然而随性。我们通过图片对操作步骤进行了详尽的展示，并辅以文字讲解，真正做到了图文并茂，将讲授不尽的化妆造型理论蕴藏在了实例图片中，希望这种编写方式更便于读者的理解。如果我们的努力对化妆行业的发展或对读者的学习有一定的帮助，我们会倍感欣慰！希望我们共有的行业越来越兴旺，希望广大读者因为学习化妆造型而使人生更加美好！

邝睿
2013 年 6 月 14 日

067

069

071

073

075

077

079

081

[可爱日式发型]
082-115

085

087

089

091

093

095

097

099

101

103

105

107

109

111

113

115

[典雅中式发型]
[116-149]

119

121

123

125

127

129

131

133

135

137

139

141

143

145

147

149

STEP 01　将后发区头发从中间分区，用橡皮筋扎起，再将头发进行打毛。

STEP 02　将打毛后蓬松的发尾表面梳理顺滑，用橡皮筋固定发尾并向下打卷，然后把卷筒状的发尾向两边拉伸，调整成半圆形固定在发根。

STEP 03　将刘海区四六分开，先把右边的刘海勾出一股，分成三股进行交叉编织。

STEP 04　再用右手勾出一股头发，添加到编织的其中一股里，每编织一节就添加右手边一股新的头发，注意添加的每股发量要均匀。

STEP 05　依次往下进行，始终保持三股的编织。添加头发到耳际时需适当收紧，调整好松紧度。

STEP 06　按以上方法一直编织，添加到最后剩余的一股头发。

STEP 07　将三股辫编至发尾。

STEP 08　再把编织好的辫子打卷固定在后发区，与后发区发髻连接。

STEP 09　左侧发区刘海同样勾出一股头发，分成三股进行交叉编织。

STEP 10　再用左手勾出一股头发，添加到编织的其中一股里，每编织一节就添加左手边一股新的头发，注意添加的每股发量要均匀。

STEP 11　依次往下进行，一直添加到最后剩余的一股头发，将三股辫编至发尾。

STEP 12　再把编织好的辫子以打卷的形式与右侧的编发交叠固定。

STEP 13　最后在头顶佩戴水晶发饰，整个造型就完成了。

造型提示

造型两侧运用了三股续发编辫的手法，编发与后发区的半圆形发髻的结合体现了韩式新娘端庄和温婉的感觉。

STEP 01　先把顶发区头发打毛，使其蓬松饱满。接着将刘海四六分，从右侧勾出一股头发，均匀分为三股编织。

STEP 02　在右手边勾出一股头发，与这三股头发交叉编织，四股编织不能重叠。

STEP 03　每编一节都要从右手边勾出一股头发添进右侧的一股之中，合并再进行编织。

STEP 04　按以上手法一直添加，编至耳际下方。

STEP 05　从左侧发际线处勾出一股头发添加进右侧的一股中，合并再进行编织。

STEP 06　每编织一节都需从左侧发际线处勾出一股头发，将其添加合并再进行编织，编发始终保持在右侧，需把握好松紧度。

STEP 07　按以上手法依次往下添加左侧的头发进行编织，直到发尾。

STEP 08　编至发尾后用皮筋扎起并固定。

STEP 09　最后在头顶左侧佩戴饰品花，这个造型就完成了。

造型提示

整个造型运用了左右不对称的四股加辫手法，造型的重点体现在后发区的编发部分，单边加辫呈现出来的效果别致精美。

  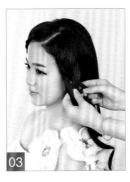 

STEP 01　先将顶发区头发适当打毛，使其饱满，再在左侧发区勾出一股头发，分成均匀的三股。

STEP 02　将三股头发拉向额头前进行编织，不可过紧。

STEP 03　三股头发编织一节后，需在右手边紧跟着勾出一股头发添加进去，合并后再进行编织。

STEP 04　按以上手法依次往下进行编织，始终添加右手边的头发，保持三股编发。

STEP 05　整个发辫不宜编得过紧，编发轮廓呈弧形，发际线不可显露，编至耳际处时要注意发辫的形状调整。

STEP 06　使用相同手法一直向下编到后发区的中间部分，用橡皮筋扎起。

STEP 07　右侧发区的头发也是先勾出一股，均匀分为三股进行编织。

STEP 08　编织一节后，在左手边勾出一股头发添加到其中一股中，合并后再进行编织。

STEP 09　按以上手法依次往下进行编织，始终添加左手边的头发，保持三股编发。

STEP 10　整个发辫不宜编得过紧，编发轮廓呈弧形，发际线不可显露，编至耳际处时要注意发辫的形状调整。

STEP 11　以相同的编织手法操作，直至将剩余的头发编完，右侧的编发高度需与左侧一致。

STEP 12　将左右两侧的编发合并，用橡皮筋扎起，两侧头发应结合得自然且线条流畅。

STEP 13　选择一款别致的蝴蝶结，佩戴在两侧编发连接处，整个造型就完成了。

造型提示

整体造型看似简单，但对编发的松紧度和对称度要求比较高。在编织过程中需及时调整两边的轮廓，使其协调，舒展随意的编发及自然垂落的发尾使整个造型更加娴静甜美。

  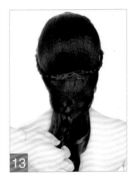 

STEP 01　先把顶发区头发打毛，使其饱满，再将刘海区头发四六分，在右侧发区勾出一股头发，均匀分为三股编织。

STEP 02　编织到第二节时，从左手边勾出一股头发添加至左侧的一股头发中，合并后再进行编织。

STEP 03　每编一节都需从左手边勾出一股头发添加至发辫中，合并后再进行编织。发际线不可外露。整个发辫紧贴额头，轮廓需呈弧形。

STEP 04　编至耳际时就停止添加头发，直接进行普通的三股编辫，一直编到发尾。

STEP 05　然后将编好的发辫围绕后发区固定。

STEP 06　在左侧发区勾出一股头发，均匀分为三股编织。

STEP 07　用同样的手法添加头发编织，左侧发区需在右手边勾头发添加合并。

STEP 08　注意控制好力度，发际线需掩盖起来，发辫的轮廓要沿着额头呈弧形。

STEP 09　将编好的发辫围绕后发区与右侧的发辫连接固定。

STEP 10　把后发区披下的头发分别从两侧勾出三股交叉编织。

STEP 11　按以上手法进行操作，编织到第二节时，从左手边勾出一股头发添加到发辫中。

STEP 12　编织到右边时，从右手边勾出一股头发添加合并，依次往下进行，左右添加头发编织。

STEP 13　编织到第三节时停止添加头发，用三股编辫的手法将剩余的头发编至发尾。

STEP 14　最后在头顶佩戴精致的发箍，整个造型就完成了。

造型提示

刘海部分运用了单股加辫的手法，额头部分的轮廓线条要流畅，紧贴额头的编发效果为整个造型增添了复古的色彩。

STEP 01　先将整个头部从中间平均分成两个发区，接着在左侧刘海区勾出一小股头发，均匀分为三股。

STEP 02　将三股头发往下进行交叉编织，编织一节后从左侧勾出一股头发添加进左侧的一股中，合并后再往下编织。

STEP 03　编织到右侧时，再从右手边勾出一股头发，将其添加进右侧的一股头发中。

STEP 04　按以上手法依次往下左右添加头发编织，每次勾出添加的发量需接近，这样编织出来的纹理间距比较接近。

STEP 05　用同样的方法从头顶一直编至后脑勺发际线，添加完左侧发区的头发后，直接用三股编织的手法继续编织到发尾，再用皮筋扎起并固定。

STEP 06　接着在右侧发区勾出一小股头发，均匀分为三股。

STEP 07　再将三股头发往下交叉编织。

STEP 08　用同样的手法添加头发编织，编织一节后就从右侧勾出一股头发添加进右侧的一股中，合并后再往下编织。

STEP 09　编织到左侧时，再从右手边勾出一股头发，将其添加进左侧的一股头发中。

STEP 10　按以上手法依次往下编织，一直编至后脑勺发际线，添加完右侧发区的头发后，直接用三股编织的手法继续编织到发尾，再用皮筋扎起并固定。

STEP 11　将编好的发辫左右相交固定。

STEP 12　最后在右侧搭配上简约的头饰花，整个造型就完成了。

造型提示

本发型运用两股加辫的反编手法，也称蝎子编发。整个编发效果立体地呈现出来，对称式的中分设计更是让整个造型可爱中透露着时尚感。

STEP 01　先将顶发区头发打毛，再把表面梳理顺滑。取头顶刘海区一小股头发。

STEP 02　把这一小股头发翻扭并固定。

STEP 03　然后分别在左侧发际线处勾出一股头发，右侧发际线处勾出两股头发进行编织。

STEP 04　编织一节后，从左侧发际线处勾出一股头发，将其添加进左侧的一股中，合并后再编织。

STEP 05　编织到右侧时，就从右侧发际线处勾出一股头发，将其添加进右侧的一股中，合并后再编织。

STEP 06　按以上手法，编织到左侧时就从左侧发际线处勾出一股头发，将其添加进左侧的一股中合并。左右添加的每股头发间距需相近，手法不宜过紧。

STEP 07　编织到右侧时，就从右侧发际线处勾出一股头发，将其添加进右侧的一股中，合并后再编织。

STEP 08　使用同样手法依次往下左右添加头发进行编织，一直编至发尾并用皮筋扎起并固定。

STEP 09　最后在发尾处别上一款精致的蝴蝶结，整个造型就完成了。

造型提示

此造型运用的是镂空的左右加股编辫手法，清晰流畅的对称式线条是整个造型的亮点。整个编发造型精致浪漫中又带着一丝仙气。

 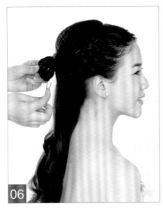  

STEP 01 　先分出顶发区，再将头发打毛，梳理顺滑表面的头发后再扭成一个发包固定。

STEP 02 　再将刘海中分，取右侧刘海的一小股头发，均匀分为三股并交叉编织。

STEP 03 　编织一节后，从右手边发际线勾出一股头发，将其添加进右侧的一股头发中，合并后再编织。

STEP 04 　每编织一节就从右手边发际线勾出一股头发，将其添加进右侧的一股头发中，用同样的手法沿着发际线依次往下编织。

STEP 05 　快编织到后脑勺发际线中间部位的时候，停止添加头发，将手上的头发直接三股交叉编织至发尾。

STEP 06 　将编好的发辫用打卷的手法盘起并用发卡固定。

STEP 07 　再在左侧刘海区勾出一小股头发，均匀分为三股并交叉编织。

STEP 08 　编织一节后，从左手边发际线勾出一股头发，将其添加进左侧的一股头发中，合并后再编织。

STEP 09 　每编织一节就从左手边发际线勾出一股头发，将其添加进左侧的一股头发中，用同样的手法沿着发际线依次往下编织。

STEP 10 　一直编织到后脑勺发际线中间部位的时候，停止添加头发，用皮筋扎起。

STEP 11 　将编好的发辫与右侧的发辫连接固定。

STEP 12 　最后在后发区佩戴几朵清新的小花，整个造型就完成了。

造型提示

这是一款包围式的中分单边加股编发，使顶发区的发包摆脱了略显成熟的单调感，后发区有层次的披发顿时让整款造型清新脱俗。

STEP 01　先将头顶头发打毛，使其蓬松饱满，再用包发梳把表面梳理顺滑。

STEP 02　在右侧发际线处勾出一股头发。

STEP 03　将这股头发用扭绳的手法围绕在顶发区固定。

STEP 04　接着在左侧发际线处勾出一股头发。

STEP 05　将这股头发用扭绳的手法围绕在顶发区固定。

STEP 06　用相同手法顺着第一股在左侧发际线处勾出一股头发扭绳，并将其与右侧的发辫相对连接固定。

STEP 07　按相同的手法操作，顺着第一股头发的右侧发际线勾出一股头发进行扭绳，并在上一条发辫的间隔处固定。

STEP 08　顺着第二股头发的右侧发际线勾出一股头发，并将其与左侧的发辫相对连接固定。

STEP 09　左侧用相同手法顺着第二股在左侧发际线处勾出一股头发扭绳，并将其在上一条发辫的间隔处固顶。左右两侧的发辫是相对的，间距也几乎相等。

STEP 10　最后选取一个蝴蝶结佩戴在两侧编发的交会处，整个造型就完成了。

造型提示

这款造型运用相对的三股扭绳手法，简单易学。再结合上大波浪卷发，散发着脱俗的森女气质。

STEP 01 先将顶发区头发适当进行打毛，使其蓬松饱满。再在左侧耳际处勾出一小股头发，均匀分为两股。

STEP 02 把左侧的两股头发交叉编织。

STEP 03 编织一节后，从左侧发际线处勾出一股头发，添加进其中一股中，再依次按相同手法沿着左侧发际线继续编织。

STEP 04 编织到左侧后发区时停止添加头发，直接用两股编织扭绳的手法编织并围绕顶发区固定。

STEP 05 再在右侧耳际处勾出一小股头发，均匀分为两股交叉编织。

STEP 06 编织一节后，从右侧发际线处勾出一股头发，添加进其中一股中合并，再依次按相同手法沿着右侧发际线继续编织。

STEP 07 一直编织到右侧后发区，停止添加头发，直接用两股编织扭绳的手法往下编织到发中。

STEP 08 将右侧编好的发辫与左侧的发辫连接固定。

STEP 09 使用同样的手法在左侧勾出一股头发，均匀分为两股扭绳，并与刚才的发辫固定在一起。

STEP 10 使用同样的手法在右侧勾出一股头发，均匀分为两股扭绳，与左侧的发辫相对连接固定。

STEP 11 最后在后发区佩戴简约的饰品花，整个造型就完成了。

造型提示

左右两侧运用两股扭绳的编
发手法，相对编织交叉环绕饱满
的顶发区，后发区披肩的卷发加
上精巧的蝴蝶结与之搭配。简
约的编发造型透露着甜美
可爱的感觉。

   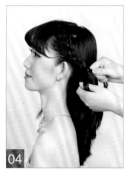 

   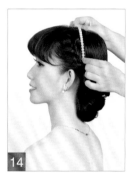

STEP 01　先将顶发区中分，在左侧发区沿着发际线勾出一小股头发，均匀分为三股往下编织。

STEP 02　编织一节后，在左手边发际线处勾出一股头发，将其添加进左侧的一股头发中，合并后再往下交叉编织。

STEP 03　每编织一节就在左手边发际线处勾出一股头发，将其添加进左侧的一股头发中，合并后再往下交叉编织，按同样的手法沿着左侧发际线依次往下进行编织。

STEP 04　编织到耳际下方时，停止添加头发，直接用三股编织的手法往下编织到发尾，并用皮筋扎起。

STEP 05　接着在右侧发区沿着发际线勾出一小股头发，均匀分为三股往下编织。

STEP 06　编织一节后，在右手边发际线处勾出一股头发，添加进右侧的一股头发中，合并后再往下交叉编织。

STEP 07　按同样的手法沿着右侧发际线依次往下进行编织。

STEP 08　编织到耳际下方时停止添加头发，直接用三股编织的手法往下编织到发尾，并用皮筋扎起。

STEP 09　再把左右两侧编好的发辫连接，围绕顶发区固定。

STEP 10　接着从后发区右侧的头发中取一股，用外翻的手法往中间固定。

STEP 11　再取左侧的一股头发，用外翻的手法往中间不规则固定。

STEP 12　然后取后发区的一股头发，进行外翻打卷，不规则地与之前完成的发卷连接固定。

STEP 13　按以上手法取左右两侧的头发进行外翻打卷，一直收完后发区剩余的头发。

STEP 14　最后在头顶佩戴珍珠发箍，整个造型就完成了。

造型提示

本款造型采用往下编织的反编手法，突显了编发的线条感。后发区运用外翻打卷手法，与两侧的编发相结合，将韩式新娘的典雅气质表现得淋漓尽致。

STEP 01　先把顶发区头发打毛，使其蓬松饱满，再把表面梳理顺滑。接着取右侧发际线的头发，均匀分为两股编织扭绳。

STEP 02　然后围绕顶发区固定。

STEP 03　取左侧发际线处的头发，均匀分为两股编织扭绳。

STEP 04　然后围绕顶发区与右侧的发辫相对连接，用发卡固定。

STEP 05　紧跟着上一股发辫在左侧发际线处勾出一股头发，均匀分为两股并编织扭绳并固定。

STEP 06　按相同的手法在右侧发际线处勾出一股头发，均匀分为两股并编织扭绳，与左侧发辫连接固定。

STEP 07　接着分出后发区披下的中间部分头发，在左右共勾出三股发量相等的头发，进行交叉编织。

STEP 08　每编织一节就在左右两侧各勾出一股头发添加进去，合并后再进行编织。

STEP 09　按以上手法依次往下编织到发尾，接着将发尾往里收起固定。

STEP 10　在左侧发际线处分出一小股头发，均匀分为两股，编织到发尾并固定在后发区。

STEP 11　接着在右侧用同样的方法勾出一股头发，均匀分为两股编织扭绳，将其与左侧发辫交叉固定在后发区。

STEP 12　按相同的手法依次往下分股进行编织扭绳，并左右相交固定，每股发辫的间距保持相等。

STEP 13　最后在后发区佩戴钻石饰品，整个造型就完成了。

造型提示

简单的两股扭绳编织手法
重复运用，使整个造型层次
更加丰富，后发区三股加编
发髻的融合充满了唯美
的优雅气息。

STEP 01　先从头顶左侧发区勾出一小股头发，均匀分为三股进行编织。

STEP 02　编织一节后，在右手边勾出一股头发，将其添加进右侧的一股中合并。

STEP 03　用相同手法操作，每编织一节就在右手边勾出一股头发，将其添加进右侧的一股中合并。编织到耳际处时停止添加头发，并用皮筋扎起并固定。

STEP 04　接着继续在左侧发际线处勾出一股头发，均匀分为三股编织。

STEP 05　沿着第一条发辫用相同的手法进行操作，每编织一节就在右手边勾出一股头发添加进右侧的一股中合并。

STEP 06　依次往下编织，到耳际下方时停止添加头发。

STEP 07　接着与第一条发辫合并，用皮筋扎起并固定。

STEP 08　仍然在左侧发际线处勾出一股头发，均匀分为三股编织。

STEP 09　沿着第二条发辫编织一节，然后在右手边勾出一股头发，添加进右侧的一股中合并。

STEP 10　编织到左侧时，在左手边勾出一股头发，添加进右侧的一股中合并。

STEP 11　按以上手法操作，每编织一节后有顺序地分别在左右两侧添加头发，合并后再编织。

STEP 12　一直从左往右进行编织，与右侧的编发自然融合，再三股交叉编织到发尾。

STEP 13　将编好的头发打卷盘起并固定。

STEP 14　最后在右侧发髻处搭配上羽毛饰品，整个造型就完成了。

造型提示

整个造型运用斜编式的三股加辫手法，左侧显得时尚利落，右侧则显得别致精巧，正面又营造出了新娘温婉甜美的气质。

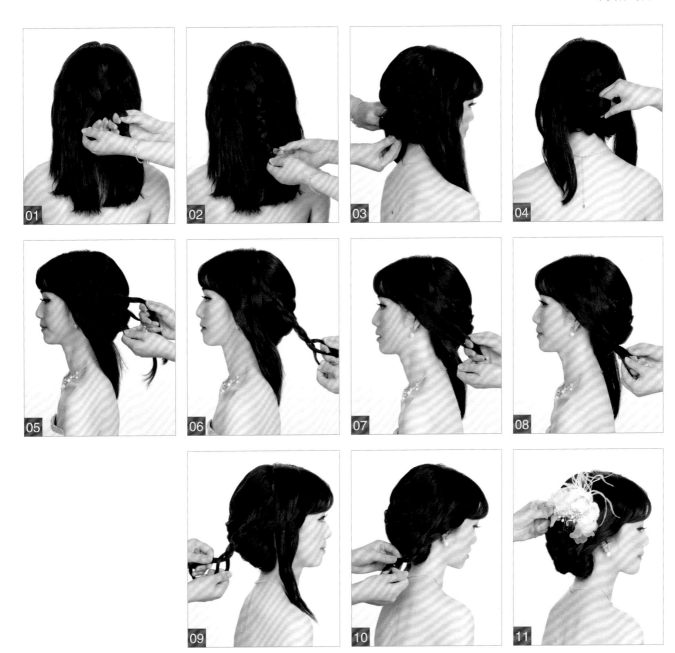

STEP 01　先将刘海区中分，再把顶发区头发均匀分为三股进行编织。

STEP 02　三股交叉编织到发尾，用皮筋扎起，再用打卷手法将发辫盘起。

STEP 03　把后发区的头发均匀分为两份，先取右侧头发，用打卷的手法往中间包起并固定。

STEP 04　接着取左侧头发，同样用打卷手法往中间包起并交错固定。

STEP 05　然后把左侧发区头发分为两份，先取其中一份，均匀分为三股并交叉编织。

STEP 06　三股交叉编织到发尾，再围绕后发区发包固定。

STEP 07　把左侧剩余的一份头发均匀分为三股编织。

STEP 08　用同样的手法编织到发尾，围绕后发区发包固定。

STEP 09　右侧的做法与左侧相同，将右侧发区头发分为两份，先将其中一份头发均匀分为三股并交叉编织，编织到发尾后再围绕后发区发包固定。

STEP 10　按同样的手法编织右侧剩余的一份头发，一直编至发尾，再围绕后发区发包固定。

STEP 11　最后在顶发区右侧佩戴精美的羽毛饰品，整个造型就完成了。

造型提示

此款造型的重点体现在后发区编发与包发的完美结合。中分的刘海设计，左右两侧的四条发辫不规则地穿梭在发包之中，给整个造型营造出复古典雅的感觉。

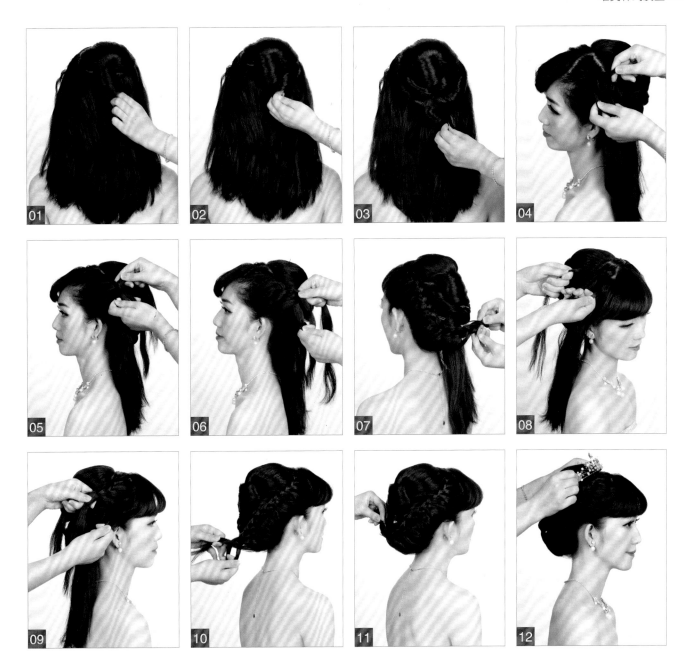

STEP 01　先把刘海区中分，接着在头顶后方分区并扭成发包。把发包剩余的发尾以外翻打卷的手法紧挨着发包固定。

STEP 02　在发包右下方取一小股头发，以外翻打卷的手法紧挨着发包固定。

STEP 03　按以上手法操作，围绕着顶发区中间的发包外翻打卷并固定。

STEP 04　在左侧刘海区勾出一股头发，均匀分为三股并交叉编织。

STEP 05　编织一节后，在左手边沿着发际线勾出一股头发，将其添加进左侧的一股中再编织。

STEP 06　按同样的手法操作，每编织一节就在左手边沿着发际线勾出一股头发，将其添加进左侧的一股中，合并再编织。

STEP 07　依次编织到后脑勺发际线中间部位，用皮筋扎起，整个发辫应环绕着后发区来固定。

STEP 08　接着在右侧勾出一小股头发，均匀分为三股并交叉编织。

STEP 09　编织一节后，在右手边沿着发际线勾出一股头发，将其添加进右侧的一股中。

STEP 10　用相同的手法沿着右侧发际线依次往下编织。

STEP 11　一直编织完剩余的头发，再直接用三股编织的手法编至发尾，接着把编好的发辫围绕中间的造型固定，注意固定时要隐藏两侧发际线。

STEP 12　最后在头顶处佩戴皇冠，整个造型就完成了。

造型提示

造型两侧的单股加辫包围着头顶及后发区，整个造型饱满而有层次感。后发区不规则的外翻卷发与环绕的编发设计营造出了一种高贵气质。

 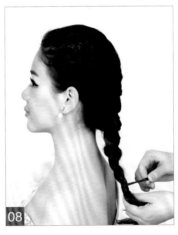 

STEP 01   先从刘海区右侧发际线处勾出一小股头发，均匀分为三股。

STEP 02   将三股头发交叉编织，编织一节后，在左手边沿着发际线勾出一股头发，将其添加
进左侧的一股中，合并后再编织。

STEP 03   编织至右手边时，在右侧沿着发际线勾出一股头发，将其添加进右侧的一股中合并。

STEP 04   按同样手法操作，每编织一节就左右添加头发，合并后再编织。

STEP 05   注意添加每股的发量需相等，从右侧头顶慢慢往左侧、往下方编织，手法不宜过紧。

STEP 06   一直将后脑勺发际线处所有的头发编织完。

STEP 07   再将剩余的头发直接用三股交叉编织的手法编至发尾。

STEP 08   接着在发尾中勾出一股头发，紧紧缠绕发尾，用发卡固定。

STEP 09   最后在头顶左侧佩戴饰品花，整个造型就完成了。

造型提示

左右加辫的三股编发也叫
蜈蚣辫。由头顶右侧往下、
往左的倾斜编发是整个造型
的亮点，带着甜美浪漫
的田园风情。

STEP 01　先将顶发区头发打毛，接着将头发表面梳理顺滑，扭成发包固定。

STEP 02　再从左侧耳际处勾出一小股头发，均匀分为三股交叉编织。

STEP 03　编织一节后，用右手沿着额前发际线勾出一股头发，将其添加进右侧的一股中，合并后再编织。

STEP 04　每编织一节就沿着额前发际线从右手边勾出一股头发，将其添加进右侧的一股中，合并后再编织。

STEP 05　按相同的手法依次顺着发际线从左往右添加头发并编织。

STEP 06　编织到耳际时需适当收紧，围绕头顶发包继续编织。

STEP 07　一直围绕发包编织到后脑勺发际线处，编织的松紧度要把握好，需隐藏住顶发区的分界线。

STEP 08　慢慢编织完左侧剩下的最后一股头发。

STEP 09　接着直接用三股编织的手法编织到发尾，并将编好的发辫围绕头顶发包固定。

STEP 10　最后在头顶发辫处佩戴皇冠，整个造型就完成了。

造型提示

运用三股单边加辫的编发手法，从左一直往右沿着发际线围绕顶发区发包进行编织，干净饱满的编发效果提升了整个造型的优雅气息。

STEP 01　先将刘海中分，再将顶发区头发进行打毛并梳顺表面。接着在右侧刘海区勾出一小股头发并均匀分为三股。

STEP 02　把三股头发交叉编织，编织一节后，从左手边勾出一股头发，将其添加进左侧的一股中。

STEP 03　编织到右边时，从右手边勾出一股头发，将其添加进右侧的一股中。

STEP 04　按以上手法操作，沿着右侧发际线依次往下左右添加头发编织。

STEP 05　编织到右侧耳后方停止添加头发，直接用三股交叉编织的手法编至发尾。再将发辫左右拉松，使其更加蓬松自然，体积变大，用皮筋扎起并固定。

STEP 06　把编好的发辫围绕后发区盘起并固定。

STEP 07　在左侧刘海区勾出一小股头发，均匀分为三股。

STEP 08　将三股头发交叉编织，编至左侧时，在左手边沿着发际线勾出一股头发，将其添加进左侧的一股中。

STEP 09　编至右侧时，在右手边勾出一股头发，添加进右侧的一股中，合并后再编织。

STEP 10　按相同的编织手法左右添加头发，沿着左侧发际线编织。

STEP 11　一直将剩余的头发编织完，接着用普通三股交叉编织的手法编至发尾。再将发辫左右拉松，使其更加蓬松自然，体积变大，用皮筋扎起并固定。

STEP 12　将编好的发辫围绕右侧的发辫打卷盘起。

STEP 13　最后在头顶佩戴珍珠皇冠，整个造型就完成了。

造型提示

本发型采用鱼骨辫左右加辫的手法进行编织，围绕在后发区盘成低发髻。丰富的线条加上饱满的轮廓使整个造型告别平庸，更有韩风柔美的感觉。

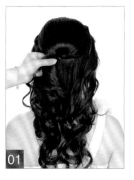   

STEP 01　先把刘海中分，再分出顶发区头发打毛，梳顺表面后扭成发包固定。

STEP 02　在左侧刘海区勾出一小股头发，均匀分为两股，交叉扭绳编织。

STEP 03　编织一节后，在左手边勾出一股头发，将其添加进其中一股中，合并后再编织。

STEP 04　每编织一节，就沿着左侧发际线勾出一股头发，将其添加进其中一股中，合并后再编织。

STEP 05　按以上手法依次往下操作，一直编织到后脑勺发际线。

STEP 06　将编好的发辫围绕后发区盘起，并与头顶发包连接。

STEP 07　再在右侧刘海区勾出一小股头发，均匀分为两股，交叉扭绳编织。

STEP 08　编织一节后，在右手边勾出一股头发，将其添加进其中一股中，合并后再编织。

STEP 09　每编织一节，就沿着右侧发际线勾出一股头发，添加进其中一股中，合并后再编织。

STEP 10　按以上手法依次往下操作，一直编织到后脑勺发际线。

STEP 11　将编好的发辫围绕后发区盘起。

STEP 12　再把发尾不规则地随意收起。

STEP 13　最后在头顶佩戴精致的发箍，整个造型就完成了。

造型提示

左右两侧分别运用两股扭绳的编织手法，围绕顶发区展开，与后发区不规则的卷发自然融合，打造出层层渐长的卷发效果。整个造型体现了韩式新娘端庄婉约的气质。

STEP 01　先从右侧刘海区沿着发际线勾出一小股头发，均匀分为三股交叉编织。

STEP 02　编织一节后，在左手边勾出一股头发，将其添加进左侧的一股中。

STEP 03　沿着头顶按以上手法进行，每编织一节后就在左手边勾出一股头发添加进左侧的一股中。

STEP 04　从右侧慢慢往左侧下方倾斜编织。

STEP 05　快编织到左侧发际线时，要反方向往右侧下方倾斜编织，每编织一节就在右手边勾出一股头发，将其添加进右侧的一股中，
　　　　　合并后再交叉编织。

STEP 06　按相同的手法依次往右侧添加头发编织。

STEP 07　编织到右侧时，要反方向往左侧下方倾斜编织。

STEP 08　每编织一节就在左手边勾出一股头发，将其添加进左侧的一股中，合并后再交叉编织。

STEP 09　用相同的手法依次往左下方添加头发编织。

STEP 10　编织到左侧时，要反方向往右下方倾斜添加右侧头发编织，每编织一节就在
　　　　　右手边勾出一股头发，将其添加进右侧的一股中。

STEP 11　编织到右侧时，开始左右两边添加头发，编织完所有剩余的头发，再三股交
　　　　　叉编织到发尾。

STEP 12　接着用发尾的一股头发紧紧缠绕，用发卡固定。

STEP 13　最后选一款蝴蝶结作为装饰，整个造型就完成了。

造型提示

由右侧刘海区开始运用三股
单边加股的手法进行S形编织直
至发尾。把握流畅柔美的S形编
发是整个造型的重点。独特的
编发设计让整体感觉更加
时尚个性。

STEP 01　先将刘海中分，再在右侧刘海区沿发际线勾出一小股头发，均匀分为三股往下交叉编织。

STEP 02　编织一节后，在左手边勾出一股头发，将其添加进左侧的一股中，合并后再往下编织。

STEP 03　每编织一节就在左手边勾出一股头发，将其添加进左侧的一股中，编好的发辫是立体地呈现在外的。

STEP 04　依次往下进行，编至顶发区中间部位就停止添加头发。

STEP 05　接着将编好的发辫用皮筋扎起并固定。

STEP 06　再在左侧刘海区沿发际线勾出一小股头发，均匀分为三股交叉编织。

STEP 07　编织一节后，在右手边勾出一股头发，将其添加进右侧的一股中，合并后再往下编织。

STEP 08　每编织一节就在右手边勾出一股头发，将其添加进右侧的一股中，编好的发辫
　　　　　与右侧一样是立体地呈现在外的。

STEP 09　按相同的手法依次往下，编至顶发区中间部位与右侧的发辫连接时停止编发。

STEP 10　用皮筋将左右两侧的发辫合并扎起。

STEP 11　最后在皮筋固定处佩戴可爱的蝴蝶结，整个造型就完成了。

造型提示

本发型采用中分对称的三股反编刘海设计，营造出一种复古的感觉，充满女人味的自然披肩发结合复古的编发，体现了波西米亚的风格。

STEP 01　先将刘海中分，再在后发区将头发分出一个"心"的形状，用皮筋扎起并固定。

STEP 02　接着在左侧心形中间部位勾出一小股头发，均匀分为三股，往下交叉编织。

STEP 03　编织一节后，在左手边沿着刘海分界线勾出一股头发，将其添加进左侧的一股中，合并后再往下编织。

STEP 04　编至右侧时，在右手边沿着心形分界线勾出一股头发，将其添加进右侧的一股中，合并后再往下编织，注意添加头发时尽量往后移。

STEP 05　用相同的手法依次编织，编至左侧就勾左手边的头发往下添加编织，编至右侧时就勾右手边的头发往下添加编织。

STEP 06　沿着心形一直将左侧剩余的头发编织完，保持编发线条的清晰均匀。

STEP 07　再用皮筋扎起并固定。

STEP 08　接着在右侧心形中间部位勾出一小股头发，均匀分为三股，往下交叉编织。

STEP 09　编织一节后，在右手边沿着心形分界线勾出一股头发，将其添加进右侧的一股中，合并后再往下编织。

STEP 10　编至左侧时，在左手边沿着心形分界线勾出一股头发，将其添加进左侧的一股中，合并后再往下编织。添加头发时，同左侧编发一样尽量往后移。

STEP 11　按相同的手法沿着心形依次往下编织。

STEP 12　一直将右侧剩余的头发编织完，保持编发线条的清晰均匀。

STEP 13　然后将左右两侧编好的发辫与中间的马尾合并，用皮筋扎起。

STEP 14　最后在发尾佩戴蝴蝶结，整个造型就完成了。

造型提示

此造型运用了三股加辫的反编手法，中分对称式的反编发制作成标准的心形效果，新颖的编发设计使整个造型更具特色。垂落的自然卷发马尾结合蝴蝶结，更是营造出一种爱丽丝般梦幻的甜美感觉。

STEP 01　先把刘海打斜，由头顶往额前分开，再分出顶发区，在顶发区勾出均匀的三股头发并交叉编织。

STEP 02　编织一节后，在右侧沿着分界线镂空勾出一小股头发，将其添加进右侧的一股中，保持中间头发的顺滑。

STEP 03　编至左侧时，就在左侧分界线边缘镂空勾出一小股头发，将其添加进左侧的一股中，保持中间头发的顺滑，按相同的手法依次由头顶往右侧下方编织。

STEP 04　一直左右添加编织到耳际处，再直接三股编发至发尾，然后顺着编发往上隐藏分界线并固定。

STEP 05　接着在左侧勾出均匀的三股头发交叉编织。

STEP 06　编织一节后，在右侧分界线边缘镂空勾出一小股头发，将其添加进右侧的一股中，保持中间头发的顺滑。

STEP 07　编至左侧时，就在左侧分界线边缘镂空勾出一小股头发，将其添加进左侧的一股中，按相同的手法依次由左侧往顶发区编织。

STEP 08　编至头顶中间部位时停止添加头发，直接三股编发至发尾。

STEP 09　将编好的发辫往上与右侧发辫连接固定。

STEP 10　在右侧耳际处勾出一股头发，均匀分为三股交叉编织。

STEP 11　用相同的手法左右镂空勾出头发添加编织。

STEP 12　编织到后脑勺中间部位，用发卡将其与之前的发辫连接固定。

STEP 13　后发区同样左右勾出均匀的三股头发并交叉编织。

STEP 14　仍然用相同的手法操作，左右镂空勾出头发添加编织，编织到发尾用皮筋固定。

STEP 15　在后发区左侧佩戴精致的饰品花，整个造型就完成了。

造型提示

三股左右镂空式的加股编发是整个造型的亮点。本发型一共分为四个发区，刘海部分的斜边设计尤为独特，镂空编发使造型更有空气感、时尚感，饱满且轻盈。

STEP 01　先将刘海以Z字形进行分区，再取左侧刘海区一小股头发，均匀分为三股，将准备好的发带对折，将发带放入两股头发之中，然后将三股头发交叉往下编织。

STEP 02　编至右侧时，从右手边勾出一股头发，将其添加进右侧的一股中，合并后再往下编织。

STEP 03　编至左侧时，从左手边勾出一股头发，将其添加进左侧的一股中，合并后再往下编织。

STEP 04　按相同的手法由上往下依次左右添加头发编织，编织出来的发辫是立体呈现在外的。

STEP 05　编织到耳际下方时停止添加头发，直接用编的发带扎起，系成蝴蝶结。

STEP 06　再取右侧刘海区一小股头发，均匀分为三股，将准备好的发带对折，将发带放入两股头发之中，然后将三股头发交叉往下编织。

STEP 07　编至右侧时，从右手边勾出一股头发，将其添加进右侧的一股中。

STEP 08　编至左侧时，从左手边勾出一股头发，将其添加进左侧的一股中。

STEP 09　按相同的手法由上往下依次左右添加头发编织，编织出来的发辫是立体呈现在外的。

STEP 10　编织到耳际下方时停止添加头发。

STEP 11　最后直接用编发里的发带将发辫扎起，系成蝴蝶结。

造型提示

左右两侧发区都运用了三股单边加辫反编的编发手法，将发带穿插在编发里，带着若隐若现的感觉。编发的蝴蝶结与刘海的Z形分界相结合，加上两肩披下的弹簧式卷发，让整个造型有动漫的画面感。

 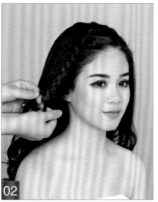  

STEP 01　先将刘海四六分，再取右侧刘海区的一小股头发，均匀分为三股交叉编织。

STEP 02　用三股编织的手法一直编至发尾，用皮筋扎起并固定。

STEP 03　沿着第一条发辫在右侧刘海区勾出一小股头发，均匀分为三股交叉编织。

STEP 04　用三股编织的手法一直编至发尾，用皮筋扎起并固定。

STEP 05　再从右侧刘海区勾出一小股头发，均匀分为三股往下交叉编织。

STEP 06　用三股编织的手法一直编至发尾，用皮筋扎起并固定。

STEP 07　然后在左侧刘海区取一股头发，均匀分为三股往下交叉编织。

STEP 08　编织一节后，从右手边勾出一股头发，添加进右侧的一股中合并再往下编织。

STEP 09　每编织一节就按相同的手法添加右侧头发编织。

STEP 10　由左往右一直编至右侧耳际处并固定。

STEP 11　最后在右侧编发处佩戴蝴蝶结，整个造型就完成了。

造型提示

本发型运用了三股单边加辫反编手法与普通的三股编发手法。反编的手法让顶发区饱满有线条感，刘海处垂落的三条发辫再加上蝴蝶结的点缀，使得整个造型更加甜美可爱。

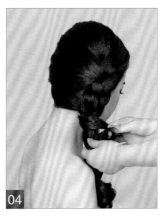

STEP 01　先将头发分为上下两个区，将下面发区的头发梳至右侧颈部，用其中一股头发
　　　　　扎成马尾并固定。

STEP 02　再把上面发区的头发同样梳至右侧，均匀分为三股交叉编织。

STEP 03　用三股交叉编织的手法一直编至发尾。

STEP 04　再将编好的发辫围绕下方的马尾根部固定。

STEP 05　接着将右肩的马尾均匀分为两股，交叉扭绳编织。

STEP 06　一直编至发尾，然后勾出发尾一股头发，紧紧缠绕固定。

STEP 07　然后在左侧额前戴上香槟色头饰花。

STEP 08　最后在头饰花上搭配网纱，整个造型就完成了。

造型提示

整个造型将三股编发与两股扭绳相结合，简单的偏侧设计搭配上大气的网纱头饰，让整个造型更加清雅大方，透露着一种淑女气质。

STEP 01　先取刘海区一股头发，均匀分为三股交叉编织。

STEP 02　编织一节后，从左手边勾出一小股头发，将其添加进左侧的一股中，合并后再编织。

STEP 03　按以上手法操作，每编织一节就添加左侧一股头发再编织。

STEP 04　一直添加编织到左侧颈部，停止添加头发，先用皮筋固定。

STEP 05　接着取右侧耳际处的一股头发，均匀分为三股交叉编织。

STEP 06　编织一节后，从左手边勾出一小股头发，将其添加进左侧的一股中，合并后再编织。

STEP 07　按相同的手法操作，每编织一节就添加左侧一股头发再编织。

STEP 08　一直添加编织到发尾，与左侧的发辫结合编织。

STEP 09　然后从耳际下方勾出一股头发，均匀分为三股交叉编织。

STEP 10　与之前的编发手法相同，一直添加左侧头发编织。

STEP 11　一直添加编织到发尾，将其与前两条发辫结合编织，再用发尾中的一股头发缠绕固定。

STEP 12　最后在头顶右侧佩戴蕾丝头饰，整个造型就完成了。

造型提示

此造型运用了三股单边加
辫的编织手法，将由上至下
编织的三条发辫合为一体，
营造出了纯洁唯美的
韩风气质。

STEP 01　先分出顶发区，再进行适当打毛，扭成发包固定。

STEP 02　将刘海区四六分，先取右侧刘海区的一股头发，均匀分为三股交叉编织。

STEP 03　编织一节后，沿着右侧发际线从右手边勾出一股头发，添加进右侧的一股中，合并后再编织。

STEP 04　按相同的手法操作，编织到耳际处停止添加头发，直接三股编织，再围绕顶发区发包固定。

STEP 05　接着取左侧刘海区的一股头发，均匀分为三股交叉编织。

STEP 06　与右侧编织手法相同，一直添加左侧头发，编织到耳际处时停止添加，直接三股编织，再围绕顶发区发包固定并与右侧
　　　　　编发连接。

STEP 07　接着取后发区左侧发际线的一股头发，将后发区头发分为若干股，一上一下穿插编织。

STEP 08　一直上下穿插编织到右侧发际线处。

STEP 09　接着再从右往左交叉，继续一上一下穿插编织，保持每股头发不重叠。

STEP 10　按相同的手法来回相交，穿插编织。

STEP 11　一直由上往下进行穿插编织，编至发尾后用皮筋固定。

STEP 12　然后再将编好的发尾往里收起固定。

STEP 13　最后在头顶佩戴头饰花，整个造型就完成了。

造型提示

前发区两侧用三股单边加辫
的编织手法包围头顶的发包，后
发区则用多股编织的编发手法将
头发制成花篮般的形状，特别
的编织手法让整个造型更
加典雅浪漫。

STEP 01　先取刘海区的一股头发，均匀分为三股交叉编织。

STEP 02　编织一节后，分别从左右两侧各勾出一股头发，交叉编织。

STEP 03　编至头顶时，从右侧发际线处勾出一股头发，将其添加进右侧的一股中，合并后再编织。

STEP 04　接着从左侧发际线处勾出一股头发，将其添加进左侧的一股中，合并后再编织。

STEP 05　继续在左右两侧各勾出一小股头发，进行交叉编织。

STEP 06　编至后发区时，再从左侧发际线处勾出一股头发，将其添加进左侧的一股中，合并后再编织。

STEP 07　编至右侧时，继续沿着发际线边缘勾出一股头发，将其添加进右侧的一股中，合并后再编织。

STEP 08　然后继续在左右两侧各勾出一小股头发，进行交叉编织。

STEP 09　编至后脑勺下方时，用相同的手法添加头发编织，注意每段加股的长度要相近。

STEP 10　一直按相同的手法添加编织到发尾。

STEP 11　用皮筋扎起并固定。

STEP 12　最后在头顶佩戴精美的皇冠，整个造型就完成了。

造型提示

整个造型都运用了鱼骨辫左右加辫的编织手法，间隔的编发设计使得单一的鱼骨辫更有个性，也为自然垂下的编发增添了轻松感。

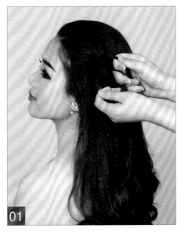  

STEP 01　先取刘海区左侧的一小股头发，均匀分为三股往下交叉编织。

STEP 02　编织一节后，从左侧勾出一股头发，将其添加进左侧的一股中，合并后再往下编织。

STEP 03　编至右侧时，从右侧勾出一股头发，将其添加进右侧的一股中，合并后再往下编织。

STEP 04　每编织一节就依次左右添加头发往下编织。

STEP 05　用三股反编加股的编织手法由左侧往右侧编织。

STEP 06　按相同的手法编织所有剩余的头发，直到右侧颈部。

STEP 07　接着用三股编织的手法编至发尾。

STEP 08　然后用皮筋扎起并固定。

STEP 09　最后在右侧编发部位佩戴发带装饰，整个造型就完成了。

造型提示

本发型采用三股加辫反编的手法，由左侧刘海区发际线一直往下编织到右侧颈部。这款蝎子编发的特点是整个造型的线条全部呈现在外，立体感十足。

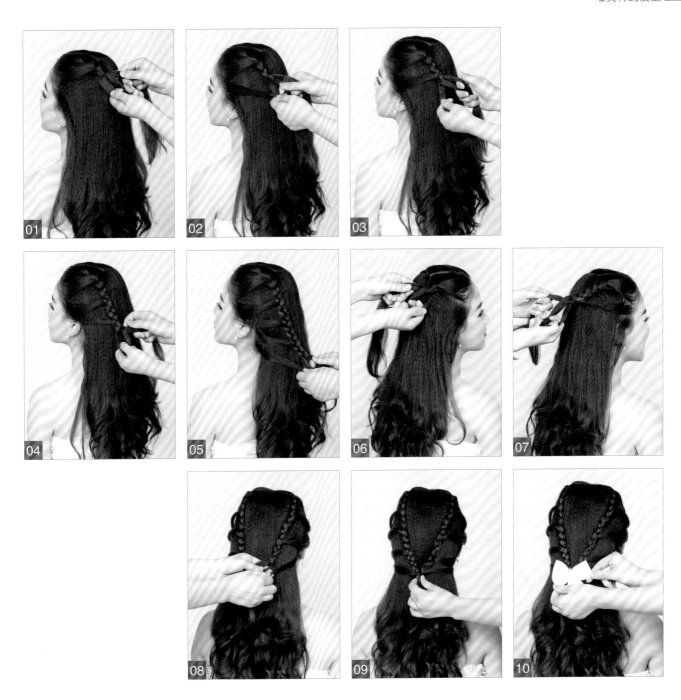

STEP 01   先将刘海区中分，然后取左侧刘海区的一股头发，均匀分为三股交叉编织。

STEP 02   三股交叉编织一段后，沿着左侧发际线勾出一股头发，将其添加进左侧的一股中。

STEP 03   然后继续进行三股编织。

STEP 04   三股编织一段后，沿着左侧发际线勾出一股头发，将其添加进左侧的一股中，合并后再编织。

STEP 05   按相同的手法依次往下进行编织，一直添加编织到左侧颈部，用皮筋固定。

STEP 06   接着将右侧刘海区的一股头发均匀分为三股交叉编织。

STEP 07   三股交叉编织一段后，沿着右侧发际线勾出一股头发，将其添加进右侧的一股中合并。

STEP 08   按相同的手法依次往下进行编织，一直添加编织到右侧颈部，用皮筋固定。

STEP 09   再把两侧的编发合并，用皮筋扎起并固定。

STEP 10   最后在编发合并处佩戴蝴蝶结，整个造型就完成了。

造型提示

该发型运用了左右两侧对称的几何式的间断加股编发手法，让整个造型更有设计感，时尚中蕴含着甜美浪漫的气息。

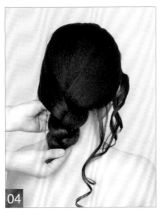  

STEP 01　先将刘海两侧的头发随意烫卷，再取剩余的头发均匀分为三股。

STEP 02　用三股交叉的手法编织。

STEP 03　一直编至发尾，用皮筋扎起并固定。

STEP 04　把编好的发辫往里收起并固定。

STEP 05　将右侧烫卷的卷发往后发区编，随意收起并固定。

STEP 06　接着同样将左侧的卷发往后发区编，随意收起并固定。

STEP 07　整理好整个造型的轮廓线条，使其松散自然。

STEP 08　最后在后脑勺佩戴蝴蝶结头饰，整个造型就完成了。

造型提示

本发型运用了松散随意的三股编发手法，左右两侧垂下一股股略微凌乱的卷发，给整个造型增添了飘逸优雅的感觉。

STEP 01　先将头发分为前后两个区，再把前区头发用皮筋扎成马尾。

STEP 02　然后把发尾从马尾根部穿过。

STEP 03　把后发区分为上下两个区，取上区的头发用皮筋扎起。

STEP 04　用同样的方法把发尾从马尾根部穿过。

STEP 05　需保留部分发尾在外面。

STEP 06　再把剩余的披发均匀分为三股，交叉编织。

STEP 07　用三股交叉编织的手法一直编至发尾。

STEP 08　然后将编好的发辫向上盘起并固定。

STEP 09　最后在后发区右侧佩戴蕾丝饰品，整个造型就完成了。

造型提示

头顶部位运用了穿插式的造型手法，与后发区随意盘成的三股编辫发髻结合，增强了造型的层次感，体现了韩式新娘的温婉气质。

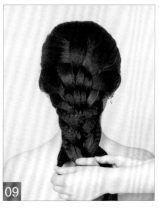  

STEP 01　先将刘海中分，然后从左侧开始，在头顶处勾出三股头发编织。

STEP 02　往右不断分股添加，将左侧的一股头发往右横穿每股头发，保持一上一下编织的效果。

STEP 03　编至右侧发际线时，要从右往左编织。

STEP 04　在右侧发际线边缘勾出一股头发，从右往左与之前每股头发一上一下交叉编织。

STEP 05　编至左侧时，同样在左侧发际线边缘勾出一股头发，从左往右与之前每股头发一上一下交叉编织。

STEP 06　按相同的手法再编织到右侧。

STEP 07　按相同的手法再由右侧编织到左侧。

STEP 08　接着将后发区剩余的头发在左右各勾出一股，将其分别添加进相应的一股
　　　　　中，合并后进行编织。

STEP 09　用三股左右加辫的手法一直将头发编至发尾。

STEP 10　用皮筋扎起，再用发尾中的一股头发紧紧缠绕发尾，用发卡固定。

STEP 11　最后在头顶佩戴精美的发箍，整个造型就完成了。

造型提示

此造型运用多股辫的编织手法，再由三股辫包围衔接，一直编至发尾。整个造型线条清晰干净，后发区的多股编发为原本平凡的编发造型增添了个性感。

STEP 01　先将刘海四六分，再取右侧刘海区一股头发，均匀分为三股编织。

STEP 02　编织一节后，在左手边勾出一股头发，将其添加进左侧的一股头发中，合并后再编织。

STEP 03　按同样的手法操作，每编织一节就在左手边勾出一股头发，将其添加进左侧的一股头发中，合并后再编织，要注意编发的走向是从右侧慢慢往左侧下方倾斜的。

STEP 04　一直编至左侧耳际，编发松紧要适中，线条要流畅。

STEP 05　编织到左侧耳际时，开始转变为勾右手边头发，将其添加至右侧的一股中合并。

STEP 06　继续沿着后脑勺发际线从左侧慢慢编至右侧，每编织一节就在右手边勾出一股头发，将其添加进右侧的一股头发中。

STEP 07　按以上手法依次进行编织。

STEP 08　编发的轮廓仍然呈弧形，沿着右侧肩膀往下编织。

STEP 09　一直往右侧添加编织完剩余的头发，再用普通三股编织的手法编织到发尾，用皮筋固定。

STEP 10　最后在发尾佩戴两颗小小的花朵饰品，整个造型就完成了。

造型提示

整个造型只运用了三股单边加辫的手法，虽然手法比较单一，但编发的S形分区设计却很特别，右侧垂下的麻花辫更是有种小家碧玉的乖巧味道。

STEP 01　先将刘海四六分，接着从右侧发区勾出一股头发，分为均匀的三股进行编织。
STEP 02　编织一节后就从左手边顺着分界线勾出一股头发，将其添加至左侧的一股中。
STEP 03　按以上手法进行，每编织一节就在左侧添加一股头发，合并后一直往下进行编织。
STEP 04　编至后脑勺时停止添加头发，直接三股编发到发中，用皮筋扎起。
STEP 05　在第一条编好的发辫右侧紧跟着再分出一股头发，同样分为三股编织。
STEP 06　同样进行三股编发，编织一节后，从左手边顺着第一条编发勾出一股头发，将其添加至左侧的一股中。
STEP 07　依次往下进行，始终保持三股的编织，同时也要注意头发不宜拉得太开，以免发辫不伏贴。
STEP 08　编至与第一条发辫高度相等时，将两条发辫合并，用皮筋扎起。
STEP 09　最后佩戴一款简约的珍珠发箍，整个造型就完成了。

造型提示

斜边的双重编发设计让纯粹的披肩发不再单调，既有新意又保留了编发的情调，可爱中不失淑女的优雅气质。

STEP 01　从头顶分出一股头发，平均分成三股。

STEP 02　将每一股头发向下交叉编织。

STEP 03　编织第二节时，从左手边勾出一股新的头发，将其添加到其中一股头发中，合并后再交叉编织。

STEP 04　换至右手交叉时，从右手边勾出一股头发，将其添加到另一股头发中，保证始终是三股编发，发丝要干净顺滑。

STEP 05　按以上左右加股的手法依次往下进行编织，编发的效果是呈现在头发表面的。

STEP 06　记住每股头发都是往下编织的，松紧要适度。

STEP 07　编织到耳际时停止添加头发，直接运用三股编发手法编到发尾。

STEP 08　将编好的辫子左右拉松，使其显得更加丰盈。

STEP 09　再把整理好的辫子盘至后发区固定。

STEP 10　将后发区剩余的头发分为两层，同样使用三股编织的手法，不过是向上编织。

STEP 11　编织一节后左右添加头发，合并再进行三股交叉编织。

STEP 12　一直编至发尾，将发辫拉松。

STEP 13　将编好的发辫打卷，与刚才的发髻连接并用发卡固定，再整理好发辫的饱满度。

STEP 14　最后在造型的左侧佩戴水晶饰品，整个造型就完成了。

造型提示

往下编织的手法使整个编发造型呈现在外，立体而饱满。编发纹理清晰干净，整个造型别具一格，尽显大气优雅。

   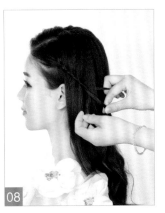

STEP 01　先将刘海区四六分，在右侧刘海区勾出一小股头发，均匀分为三股编织。

STEP 02　编织一节后就在左手边勾出一股头发，将其放入三股头发之间，中间这股头发则自然垂落。

STEP 03　每编织一节就从左手边勾出一股头发，将其放入三股头发之间，中间这股头发自然垂落，不与其他三股中任何一股合并。

STEP 04　按以上手法依次围绕后脑勺编织，头发线条需清晰流畅。

STEP 05　编至后脑勺中间部分时停止添加头发，用皮筋扎起并固定。

STEP 06　然后在左侧勾出一小股头发，均匀分为三股编织。

STEP 07　与右侧的造型手法相同，编织一节时，从右手边勾出一股头发，将其放入三股头发之间，中间这股头发则自然垂落。

STEP 08　按以上手法，依次围绕后脑勺编织，头发线条需清晰流畅。

STEP 09　编至后脑勺中间部分，与右侧的发辫连接，用皮筋扎起并固定。

STEP 10　再将两股发辫结合，用皮筋固定。

STEP 11　最后在两股发辫的结合处佩戴几朵小花，整个造型就完成了。

造型提示

这款发型运用三股编发中间放入一股头发的手法，使整个后发区如流苏一般轻盈美丽，围绕头顶的编发效果也体现了波西米亚的风情。

STEP 01　先将刘海四六分，接着在右侧刘海区分出一股头发，均匀分为三股。

STEP 02　将三股头发交叉编织，编织一节后，在右手边的发际线处勾出一股头发，将其添加进右侧的一股中，合并后再编织。

STEP 03　一直三股交叉编织到发尾。

STEP 04　把编好的发辫围绕中间头顶区的分界线用发卡固定。

STEP 05　再将左侧发区的头发均匀分为三股，交叉编织。

STEP 06　每编织一节需在右手边勾出一股头发，添加至右侧的一股中，合并后再编织。

STEP 07　按同样的手法添加右侧头发，一直围绕头顶区的弧形进行编织，注意手法不宜太紧。

STEP 08　从左侧围绕头顶区编织至右侧的耳际处。

STEP 09　编织至右侧耳际后停止添加头发，用皮筋将发辫扎起，再将编好的发辫整理好松紧度并固定，尽量使其饱满。

STEP 10　最后在右侧耳际处佩戴一簇小花，整个造型就完成了。

造型提示

蓬松随意的三股编发围绕在头顶，清晰可见的编发纹理与刘海区的编发处理为整个造型增添了异域的味道。

STEP 01　先将所有头发根部进行打毛，使其蓬松饱满，再用包发梳把表面梳理顺滑。

STEP 02　把表面梳理顺滑的头发梳至后脑勺，用皮筋扎起并固定。

STEP 03　再从马尾中勾出一股头发，紧紧围绕皮筋缠绕并固定。

STEP 04　把马尾的头发均匀分为三份，选取其中一份，再均匀分为三股。

STEP 05　将三股头发交叉编织至发尾。

STEP 06　接着把编好的发辫打卷盘起并固定。

STEP 07　然后将剩余的其中一份均匀分为三股，交叉编织。

STEP 08　把编好的发辫围绕刚才的编发发髻打卷盘起并固定。

STEP 09　剩下的第三份也同样均匀分为三股编织。

STEP 10　将编好的最后一条发辫不规则地围绕刚才的发髻盘起并固定，再将整个发型整理
　　　　　蓬松饱满。

STEP 11　最后在发髻周围佩戴小巧的白色雏菊，整个造型就完成了。

造型提示

整个造型运用普通的三股
编发手法，后发区随意的
编发高发髻简单易学，但
也突显了新娘的清纯
浪漫。

STEP 01   先分出头顶区，用皮筋扎起并固定，再把马尾扭绳后盘起，使其呈圆形。

STEP 02   然后从左侧勾出一股头发，均匀分为三股编织。

STEP 03   编织一节后就在左手边发际线处勾出一股头发，将其添加进左侧的一股中，合并后再编织。

STEP 04   每编织一节就在左手边发际线处勾出一股头发，将其添加进左侧的一股中，合并后再编织。

STEP 05   按以上手法依次围绕着头顶的发髻进行编织，需注意手法的松紧度，头发的分界线要遮盖住。

STEP 06   编织到后脑勺中间部分时停止添加头发，直接运用普通的三股交叉手法编织到发尾。

STEP 07   将编好的发辫沿着发髻固定。

STEP 08   接着在右侧发区分出一股头发，均匀分为三股编织。

STEP 09   与左侧的编织手法相同，编织一节后，在左手边发际线处勾出一股头发，将其添加进左侧的一股中，合并后再编织。

STEP 10   用同样的手法依次围绕着头顶的发髻进行编织。

STEP 11   编织到后脑勺中间部分时停止添加头发，直接运用普通的三股交叉手法编织到发尾。

STEP 12   将编好的发辫沿着发髻固定，并与左侧的发辫结合。

STEP 13   最后在发髻处佩戴白色蝴蝶结，整个造型就完成了。

造型提示

左右两侧的单股加辫环绕着头顶的丸子发髻，既增添了发量，又使整体轮廓丰盈饱满。偏侧的发髻结合编发，让普通的丸子头更加精美。

STEP 01　先将所有的头发往右侧扎成马尾。

STEP 02　再把已经准备好的小碎花沿着马尾根部环绕一圈固定。

STEP 03　接着取马尾中的一股头发，均匀分为三股，交叉编织。

STEP 04　一直编至发尾，再将编好的发辫往上包住头饰花固定。

STEP 05　接着取马尾剩余头发中的一股，均匀分为三股，交叉编织。

STEP 06　编至发尾，再将编好的发辫往上包住头饰花固定，两条发辫之间需有一段距离。

STEP 07　按相同的手法操作，再勾出马尾剩余头发中的一股，均匀分为三股交叉编织。

STEP 08　编至发尾，再将编好的发辫往上包住头饰花固定，两条发辫之间需有一段距离。

STEP 09　按同样的手法操作，再勾出马尾剩余头发中的一股，均匀分为三股交叉编织。

STEP 10　编至发尾，再将编好的发辫往上包住头饰花固定，两条发辫之间需有一段距离。

STEP 11　最后将剩余的一股头发均匀分为三股交叉编织。

STEP 12　继续编至发尾，再将编好的发辫往上包住头饰花固定，使整个编发造型轮廓呈
　　　　　圆形，整个造型就完成了。

造型提示

此造型只简单运用了三股
编织的编发手法，再与头饰花
完美结合。环绕小碎花的编发
效果使新娘宛如花仙子一
般温柔优雅。

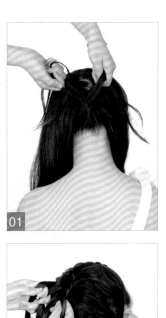

STEP 01　先从后发区发际线处勾出一股头发，均匀分为三股往下交叉编织。

STEP 02　往下交叉编织一节后，在左手边勾出一股头发，将其添加进左侧的一股中，合并后再编织。

STEP 03　编织到右侧时，在右手边勾出一股头发，将其添加进右侧的一股中，合并后再编织。

STEP 04　依次编织到左侧，在左手边勾出一股头发，将其添加进左侧的一股中，合并后再编织。

STEP 05　按相同的手法由后发区慢慢往头顶进行编织，注意勾出加辫的每一股发量要均匀，边缘
　　　　　要干净。

STEP 06　编至头顶后，继续往额前刘海区编织。

STEP 07　用同样的手法一直将刘海区剩余的所有头发编织完。

STEP 08　直接用三股交叉编织的手法编至发尾，接着把编好的发辫用皮筋扎起并固定。

STEP 09　然后将编好的发辫围绕在头顶右侧，固定成发髻。

STEP 10　最后在头顶右侧佩戴一些色彩淡雅的头花，整个造型就完成了。

造型提示

这款发型运用三股加辫反编
的手法，由后脑勺发际线一直往
头顶编织。整个编发造型饱满立
体，头顶的编发发髻配搭上白
色小花，更是增添了清纯
可爱的感觉。

STEP 01　先取头顶一股头发，均匀分为三股交叉编织。

STEP 02　编织一节后，分别从左右两侧勾出头发，将其添加进左右两股头发里，合并后再编织。

STEP 03　按相同的手法依次由左往右添加头发编织。

STEP 04　一直编织到耳际处，把编好的发辫随意盘起并固定。

STEP 05　接着取左侧刘海区的一小股头发，将其均匀分为三股交叉编织。

STEP 06　编织一节后就从右侧勾出一股头发，将其添加进右侧的一股中合并。

STEP 07　编至左侧时就从左手边勾出一股头发，将其添加进左侧的一股中合并再编织。

STEP 08　用相同的手法一直编至耳际处，然后继续沿着发际线勾左手边的头发，将其添加进左侧的一股中，合并后再编织。

STEP 09　沿着左侧发际线一直往右编织，直至将剩余的头发编织完。

STEP 10　再把编好的发辫与上一条发辫连接固定，整理好发尾的卷发形状，使其饱满而凌乱有型。

STEP 11　最后在右侧卷发发髻处佩戴头饰花，整个造型就完成了。

造型提示

左侧刘海区与后发区运用了三股双边加辫及三股单边加辫的编发手法，与发尾卷发随意盘起的发髻相结合。编发和侧发髻让整个造型有活泼可爱的感觉。

STEP 01　先将头发分为前后两个造型区，接着取刘海一股头发，均匀分为两股交叉扭绳编织。

STEP 02　将编好的发辫用打卷的手法盘在额前。

STEP 03　把后发区的头发用单包的手法盘起并固定，发尾放置在头顶并与刘海区头发连接。

STEP 04　然后在右侧勾出一小股头发，均匀分为三股往下交叉编织。

STEP 05　编织一节后，在右手边沿着发际线勾出一小股头发，添加进右侧的一股中，合并后再往下交叉编织，
　　　　　发辫是立体呈现在外的。

STEP 06　编织左侧时，在左手边沿着发际线勾出一小股头发，添加进左侧的一股中，合并后再往下交叉编织。

STEP 07　按相同的手法分别左右添加头发，往下交叉编织，一直将剩余的所有头发编织完。

STEP 08　将编好的发辫围绕头顶发尾卷发盘并固定。

STEP 09　然后在右侧勾出一小股头发，均匀分为三股往下交叉编织。

STEP 10　编织一节后，在右手边沿着发际线勾出一小股头发，将其添加进右侧的一股中，
　　　　　合并后再往下交叉编织。

STEP 11　与右侧做法相同，按以上的手法分别左右两侧添加头发，往下交叉编织，一直
　　　　　将左侧剩余的所有头发编织完。

STEP 12　再将编好的发辫围绕头顶发尾卷发，与右侧的发辫连接并盘起。

STEP 13　最后在头顶左侧佩戴头饰花，整个造型就完成了。

造型提示

后发区使用单包手法，两侧
刘海区则运用了三股加辫的反
编手法，同时结合头顶的两股
扭绳编发，让整个编发造型
干净利落，个性时尚。

STEP 01　先从头顶取一小股头发，均匀分为三股交叉编织。
STEP 02　再从右侧的一股中勾出一小股头发编织，接着从右手边勾出一股头发，将其添加进刚才勾出编织的一股中，合并后再编织。
STEP 03　编至左侧时，从左侧的一股中勾出一小股头发编织，接着从左手边勾出一股头发，将其添加进刚才勾出编织的一股中，合并后再编织。
STEP 04　按相同的手法依次编织到额前，再直接分别从左右两股中勾出一小股头发，继续添加编织，一直编至发尾。
STEP 05　再从第一条发辫的右侧取一小股头发，均匀分为三股交叉编织。
STEP 06　与第一条发辫的编织手法一样，接着从右侧的一股中勾出一小股头发编织，再从右手边勾出一股头发，将其添加进刚才勾出编织的一股中，合并后再编织。
STEP 07　按相同的手法依次编织到额前。
STEP 08　直接分别从左右两股中勾出一小股头发，继续添加编织，一直编至发尾。
STEP 09　将编好的第二条发辫围绕额头倾斜盘起并固定。
STEP 10　然后再将剩下的一条发辫反方向围绕固定。
STEP 11　最后在右侧编发刘海处佩戴饰品，整个造型就完成了。

造型提示

此造型运用了鱼骨辫的编织手法，分别从发辫的左右两股中勾出一小股头发编织。倾斜式的编发刘海与网纱皇冠结合，使整体感觉个性时尚，披下的浪漫卷发又不失甜美。

STEP 01　先从左侧后发区取一股头发，均匀分为三股交叉编织，一直编至发尾。

STEP 02　将编好的发辫从左围绕头顶往右盘起并固定。

STEP 03　再从后发区发际线处取一股头发，均匀分为三股交叉编织，一直编至发尾。

STEP 04　接着将编好的发辫从左围绕头顶往右盘起，与第一条发辫并列固定。

STEP 05　然后从额前右侧取一小股头发，均匀分为三股交叉编织。

STEP 06　编织一节后，从右手边沿着发际线勾出一股头发，将其添加进右侧的一股中，合并后再编织。

STEP 07　编至左侧时，从左手边沿着发际线勾出一股头发，将其添加进左侧的一股中，合并后再编织。

STEP 08　从右侧由上往下、往左用相同的手法分别左右添加头发进行编织。

STEP 09　一直将剩余的所有头发编织完，再三股编织至发尾。

STEP 10　将左侧剩余的发尾整理成发髻。

STEP 11　最后在发髻处佩戴不规则的发带头饰，整个造型就完成了。

造型提示

左侧两条三股编发在头顶盘起，接着再运用三股加辫编发顺着头顶的编发继续由左往右编织，围绕头部一圈。左侧的编发设计让整个造型突显着一股贵族风范。

STEP 01　先分出头顶区头发，并用皮筋扎起，再勾出其中一股头发缠绕固定。

STEP 02　把马尾的头发均匀分为两份，取其中一份均匀分为三股编织。

STEP 03　编织一节后分别从左右两股中各勾出一小股头发编织。

STEP 04　每编织一节就分别从左右两股中各勾出一小股头发编织，按相同的手法依次编至发尾。

STEP 05　再把编好的发辫折起，往马尾根部固定。

STEP 06　然后将左侧马尾的头发均匀分为三股编织。

STEP 07　编织一节后，分别从左右两股中各勾出一小股头发编织。

STEP 08　每编织一节就分别从左右两股中各勾出一小股头发编织，按相同的手法依次编至发尾。

STEP 09　再把编好的发辫折起，往马尾根部固定，折起后的发辫长度需与右侧相近。

STEP 10　接着整理左右两侧的发辫，使其蓬松饱满，整体轮廓呈蝴蝶结的形状。

STEP 11　最后在两侧发辫的中间佩戴几个发钗，整个造型就完成了。

造型提示

此造型运用普通鱼骨辫的编织手法，将头顶两侧马尾发辫对折固定。可爱的蝴蝶结编发造型有很好的减龄效果，结合动感的披发，不但清爽随意，而且甜美俏丽。

STEP 01　先将头顶分为三个三角形的造型区，接着取中间区的一小股头发，均匀分为三股交叉往下编织。

STEP 02　编织一节后就从右手边勾出一股头发，将其将其添加进右侧的一股中，合并后再往下编织。

STEP 03　编至左侧时就从左手边勾出一股头发，将其添加进左侧的一股中，合并后再往下编织。

STEP 04　按相同的手法一直添加编织到头顶。

STEP 05　接着直接用三股编织的手法编织到发尾，用皮筋固定。

STEP 06　然后取左侧发区的一小股头发，均匀分为三股交叉往下编织。

STEP 07　编织一节后就从右手边勾出一股头发，将其添加进右侧的一股中，合并后再往下编织。

STEP 08　编至左侧时就从左手边勾出一股头发，将其添加进左侧的一股中，合并后再往下编织。

STEP 09　按相同的手法一直添加编织到头顶，接着直接用三股编织的手法编织到发尾，用皮筋固定。

STEP 10　再取右侧发区的一小股头发，均匀分为三股交叉往下编织。

STEP 11　按相同的编织手法依次往头顶添加左右头发，往下编织。

STEP 12　编织到头顶后，直接用三股编织的手法编织到发尾，用皮筋固定。

STEP 13　然后将编好的三条发辫相互交叉盘至头顶。

STEP 14　最后在头顶盘发处佩戴蝴蝶结，整个造型就完成了。

造型提示

头顶并排的反式编发是T台上的宠儿，三条反式编发盘至头顶，与飘逸浪漫的卷发结合，使整个造型时尚中带着恬静的感觉。

STEP 01 　先将刘海中分，再取头顶区右侧的一股头发，均匀分为三股交叉编织。

STEP 02 　用三股编织的手法一直编至发尾。

STEP 03 　再把编好的发辫从右往左围绕额头固定。

STEP 04 　接着把后发区中分，取右侧的头发，均匀分为三股交叉编织。

STEP 05 　用三股交叉编织的编发手法一直进行编织。

STEP 06 　一直编至中间部位，用皮筋扎起并固定。

STEP 07 　然后取左侧的头发，均匀分为三股交叉编织。

STEP 08 　同样用三股交叉编织的编发手法进行编织。

STEP 09 　一直编至中间部位，用皮筋扎起并固定。

STEP 10 　最后在头顶左侧部位佩戴头饰花，整个造型就完成了。

造型提示

此造型运用了三股编发的手法，额前围绕的小发辫与两肩随意轻松披下的编发相呼应，再加上头顶佩戴的羽毛饰物，整个看似简约的编发造型散发着清新浪漫的森女感觉。

STEP 01　先将刘海区侧分出来，再将剩余的头发用皮筋扎成马尾。

STEP 02　把马尾均匀分为三份。

STEP 03　将其中一份头发用打卷的手法随意地围绕着皮筋固定，手法不宜太紧。

STEP 04　再把剩余的其中一份头发均匀分为三股。

STEP 05　用普通的三股编发手法交叉编织至发尾，用皮筋固定。

STEP 06　把编好的发辫围绕着刚才的发髻固定，再把最后的一份头发同样分为三股编织。

STEP 07　然后将编好的发辫也围着发髻盘起并固定，使整个发型饱满。

STEP 08　把刘海区的头发均匀分为三股交叉编织。

STEP 09　用普通三股交叉编织的手法一直编至发尾。

STEP 10　将编好的发辫围绕后发区的编发发髻固定。

STEP 11　最后选择一款精美的放射性饰品佩戴在发髻左侧，整个造型就完成了。

造型提示

刘海的编发与后发区的
三股辫发髻相结合，展现
了中式新娘温婉恬静
的优雅气质。

STEP 01   把刘海区四六分，从左侧发区开始，先勾出一小股头发，均匀分为两股进行交叉扭绳。

STEP 02   每扭一节就在左手边勾出一股头发，将其添加至其中一股中。

STEP 03   每扭一节都需在左手边添加一股头发，然后再进行扭绳。

STEP 04   用同样的手法编织到后发区的发际线处，注意手法的松紧度，头发不宜拉得太紧。

STEP 05   两股头发用扭绳手法一直围绕发际线编织。

STEP 06   编到右侧时需慢慢收紧头发，使后面发辫轮廓呈弧形。

STEP 07   继续向右侧进行编织，在左手边勾头发添加，每添加一股头发扭一次。

STEP 08   要保持右侧刘海区的弧形及发丝的顺滑，使用扭绳手法将右侧剩余的头发编至发尾。

STEP 09   将编好的发辫在右侧耳际下方盘起并固定。

STEP 10   最后选择两朵头饰花作为点缀，整个造型就完成了。

造型提示

这款发型运用两股扭绳的
手法进行编织，左右不对称
式的设计给整个造型增添
了许多俏皮的感觉。

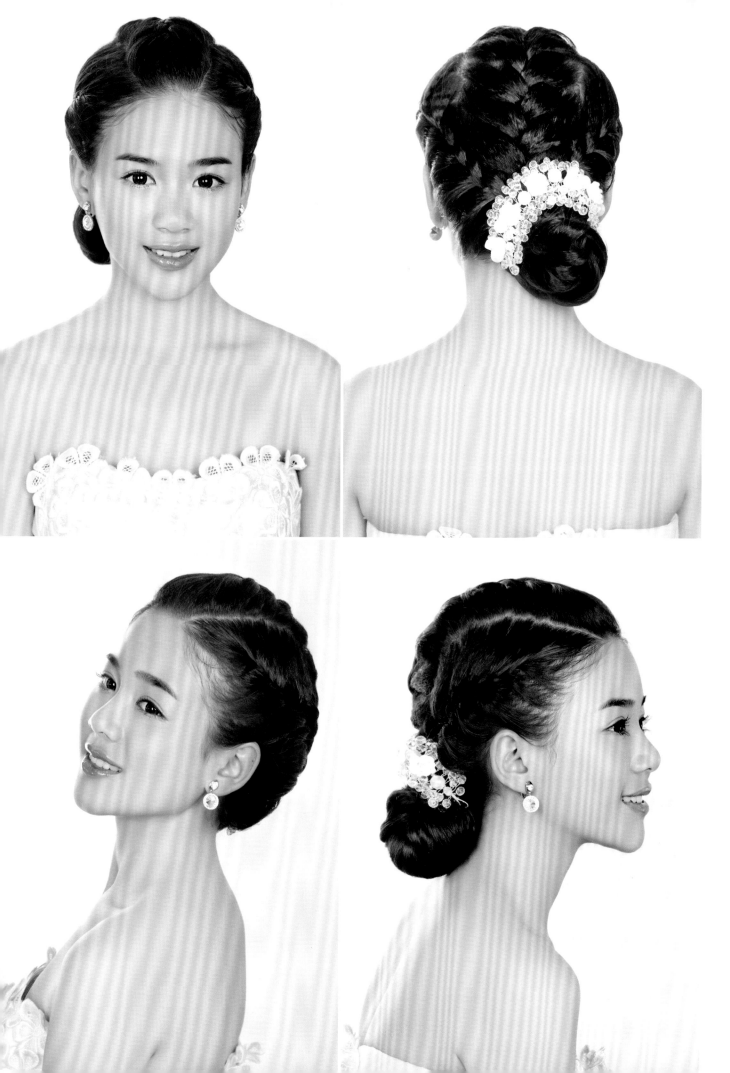

STEP 01　先在头顶中间分出发区，将头顶区的头发均匀分为三股交叉编织。

STEP 02　编织一节后开始在编发的左右两侧添加头发。

STEP 03　编织到左手边时，用左手勾出一股头发，将其添加进左侧的一股中，合并后再编织。

STEP 04　交叉编织到右侧时，再从右手边勾出一股头发，将其添加进右侧的一股中，合并后再编织。

STEP 05　按同样的手法依次往下左右添加头发编织，到后脑勺时用皮筋扎起并固定。编织的范围保持在整个头部的中间部分。

STEP 06　再在右侧发区分出一股头发，均匀分为三股交叉编织。编织一节后，在编发的左右两股中添加头发。

STEP 07　按三股加辫的手法进行操作。编织到左手边时，用左手勾出一股头发，将其添加进左侧的一股中，合并后再编织；交叉编织到右侧时，从右手边勾出一股头发，将其添加进去再编织。

STEP 08　依次沿着发际线进行编织，编至后脑勺时用皮筋扎起并固定。

STEP 09　在右侧发区分出一股头发，均匀分为三股交叉编织。

STEP 10　按三股加辫的手法进行操作，每编织一节就左右添加头发。

STEP 11　编织到左手边时，用左手勾出一股头发，将其添加进左侧的一股中，合并后再编织，交叉编织到右侧时，从右手边勾出一股头发，添加进去再编织。

STEP 12　编织到后脑勺时，用发卡将编好的三条发辫相交固定。

STEP 13　接着将剩余的头发用普通三股编发的手法编至发尾。

STEP 14　将编好的发辫盘起，放置在右侧固定。

STEP 15　最后用环状水晶饰物进行点缀，整个造型就完成了。

造型提示

整个造型只运用了三股编发手法，虽然手法有些单一，但特别的分区与右侧的低发髻给这款造型带来了既唯美又时尚的感觉。

123

STEP 01　先把头顶区头发打毛，使其蓬松饱满，再将表面梳理顺滑。在左侧勾出一股头发，均匀分为两股。

STEP 02　将这两股头发用扭绳的方法编织。

STEP 03　每扭两圈就在左手边勾出一股，将其添加进左侧的一股中，合并后再编织。

STEP 04　使用同样的手法依次围绕发际线编织。

STEP 05　编织到后脑勺发际线时停止添加头发，直接两股扭绳至发尾。

STEP 06　将扭好的发辫打卷盘起并用发卡固定。

STEP 07　接着在右侧勾出一股头发，均匀分为两股，同样用扭绳的方法编织。

STEP 08　每扭两圈就在右手边勾出一股头发，添加进侧的一股中，合并后再编织。

STEP 09　使用同样的手法将后发区所有的头发编织完。

STEP 10　再将剩余的头发两股扭绳至发尾。

STEP 11　最后选择白色小花佩戴在耳际旁，整个造型就完成了。

造型提示

这款发型运用两股扭绳的手法，围绕后发区发际线进行编织，再配搭上精致可爱的白色小花，整个发型清爽又甜美的气息展现无遗。

STEP 01　先将头顶区头发进行打毛，使其蓬松饱满，再把表面梳理顺滑，扭成发包固定。

STEP 02　把右侧发区的头发顺着头顶发包的线条纹理往后发区中间部位固定。

STEP 03　把左侧发区的头发顺着头顶发包的线条纹理与右侧发区的头发连接固定，应使整体轮廓饱满，线条流畅。

STEP 04　从右耳际后方勾出一股头发，均匀分为三股进行交叉编织，一直编至发尾。

STEP 05　将编好的发辫从右侧顺着头顶区往左侧围绕固定。

STEP 06　用相同的手法取左耳际后方一股头发，均匀分为三股进行交叉编织，一直编至发尾。

STEP 07　再将编好的发辫从左侧顺着头顶区往右侧围绕，并与右侧的发辫连接固定。

STEP 08　接着从左侧后发区发际线处勾出一股头发，均匀分为三股交叉编织。

STEP 09　编织一节后从发际线处勾出一股头发添加合并。

STEP 10　用同样的手法顺着发际线编织，每编织一节就从发际线处勾出一股头发，将其添加、合并后再编织。

STEP 11　一直从左往右进行编织，直到添加完剩余的头发。

STEP 12　三股编织到发尾，在右侧盘起。

STEP 13　最后沿着头顶的发辫佩戴公主式的发箍，整个造型就完成了。

造型提示

后发区运用三股加辫手法，发辫与包发自然连接，使得整个造型蓬松饱满，头顶发箍式的编发效果给传统的包发增添了华丽高雅的感觉。

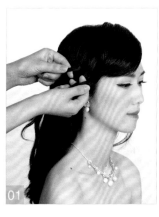   

 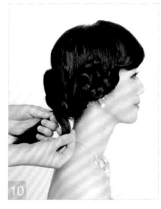 

STEP 01　先将头顶区头发适当打毛，再梳理顺滑。接着在刘海右侧取一小股头发交叉编织。

STEP 02　编织一节后，沿着右侧发际线勾出一股头发，将其添加进右侧的一股中，合并后再编织。

STEP 03　每编织一节就用相同的手法沿着右侧发际线勾出一股头发，将其添加进右侧的一股中，合并后再进行编织。

STEP 04　按相同的手法依次往下编织，注意手法不宜太紧。

STEP 05　一直编织到右侧颈部的发际线时停止添加头发，直接三股编织到发尾，打卷盘起。

STEP 06　然后在左侧分出刘海区的头发，均匀分为两股交叉扭绳编织。

STEP 07　编织一节后，在左侧发际线处勾出一股头发，将其添加进其中一股中，
　　　　合并后再扭绳编织。

STEP 08　按相同的手法依次顺着发际线从左往右扭绳编织。

STEP 09　注意编发线条需清晰干净，松紧度要适中。

STEP 10　一直编织到与右侧发辫交叉，连接盘起并固定。

STEP 11　最后在右侧额前插上精致的发饰，整个造型就完成了。

造型提示

由左侧发际线往右两股加辫
扭绳编织，使得整个造型饱满
且极具线条感。右侧刘海区的
编发设计是减龄的小妙招，
展现了新娘清纯可爱的
风格。

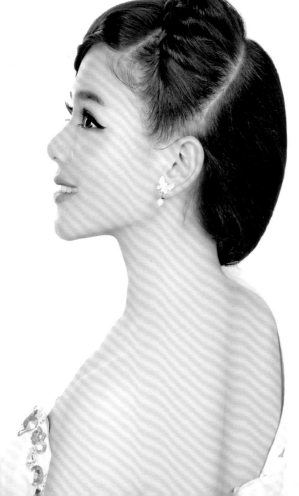

 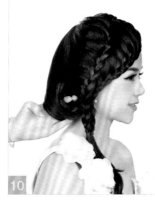  

STEP 01　先把刘海三七分，然后从右侧勾出一小股头发，均匀分为三股交叉编织。

STEP 02　编织一节后，在左手边勾出一股头发，将其添加进左侧的一股中，头发尽量往前编织。

STEP 03　每编织一节就从左手边勾出一股头发，将其添加进左侧的一股中，刘海编发的轮廓线条应呈弧形，发际线不可外露。

STEP 04　按相同的手法依次沿着额头添加左侧头发编织。

STEP 05　一直编织到耳际下方，发辫需将耳朵覆盖，接着直接三股交叉编织，再用皮筋扎起并固定。

STEP 06　由左往右分区，先从左侧勾出一股头发，均匀分为三股交叉编织。

STEP 07　编织一节后就在左手边勾出一股头发，将其添加进左侧的一股中，合并后再编织。

STEP 08　按相同的手法顺着额前的编发线条依次往右进行编织，手法尽量松一点。

STEP 09　一直编织到与第一条发辫相等的长度，用皮筋扎起并固定。

STEP 10　再将后发区的头发进行打毛，使其蓬松饱满，然后用打卷的手法将发尾往右侧下方收起并固定。

STEP 11　接着将编好的两条发辫围绕右侧发包固定。

STEP 12　最后在右侧佩戴羽毛饰品，整个造型就完成了。

造型提示

这款发型采用双重三股单边加辫的编发手法，从头顶沿着额头倾斜往下编织，偏分的双重编发刘海设计既使前区造型达到了饱满的效果，同时也修饰了脸型。后发区的侧鬓与编发结合，让整个造型更加优雅温婉。

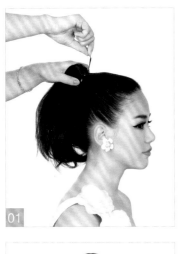  

STEP 01　先用皮筋将头发高高梳起，扎成马尾。

STEP 02　再从发尾里勾出一股头发，紧紧缠绕马尾根部，用发卡固定。

STEP 03　然后将马尾打毛，使其蓬松饱满，再把表面梳理顺滑。

STEP 04　把发尾扭成饱满的弧形，用发卡固定。

STEP 05　顺着刚才扭出的线条继续将发尾扭卷收起，用发卡固定，形成一个圆形发髻。

STEP 06　取一条假发辫，把假发辫对折，环绕头顶中间的发髻固定。

STEP 07　将围绕发髻的假发辫两头往后包围连接，隐藏好假发的发尾。

STEP 08　将发辫并列固定好，再调整好整个发髻的形状，使其圆润饱满。

STEP 09　最后在发髻右侧佩戴头饰花，整个造型就完成了。

造型提示

高高盘起的发髻与编发完美结合，看似简单的造型里面却蕴含了很多小心思。头顶中间的发髻一定要饱满圆润、大小适中。整个造型体现了一种高贵典雅的气质。

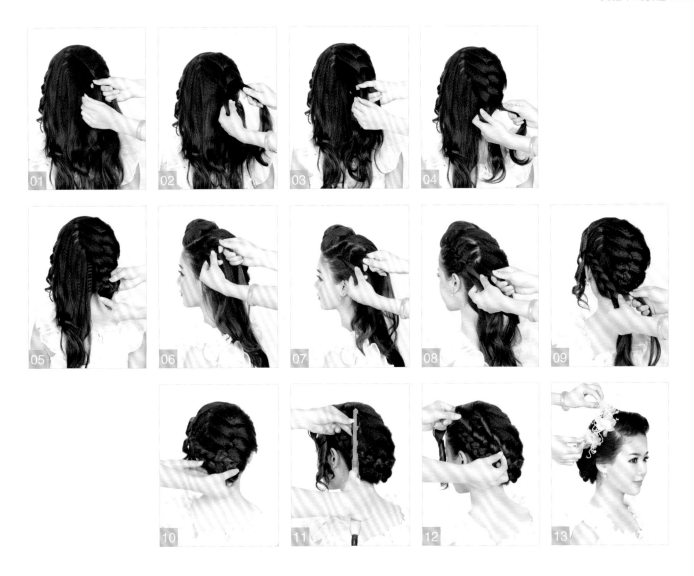

STEP 01　先将头部分为三个区，即头顶刘海区、左侧发区和右侧发区。先从右侧发区开始，取右侧前区的头发，均匀分为三股交叉编织。

STEP 02　编织一节后，从右手边沿着发际线勾出一股头发，将其添加进右侧的一股中，合并后再编织。

STEP 03　编至左侧时，从左手边沿着分界线勾出一股头发，将其添加进左侧的一股中，合并后再编织。

STEP 04　按相同的手法依次往下左右添加头发编织。

STEP 05　一直将右侧的所有头发编织完，再三股编织到发尾，接着用打卷手法将编好的发辫往里盘起并固定。

STEP 06　取左侧发区额前的一股头发，均匀分为三股往下交叉编织。

STEP 07　往下编织一节就从右手边沿着分界线勾出一股头发，将其添加进右侧的一股中，合并后再往下交叉编织。

STEP 08　编织左侧头发时，从左手边沿着发际线处勾出一股头发，将其添加进左侧的一股中。

STEP 09　按相同的手法由上往下依次左右添加头发，往下交叉编织。整条发辫应呈现立体的效果。

STEP 10　一直编织到发尾，然后将编好的发辫往里收紧，盘起并与右侧发辫连接。

STEP 11　把额头刘海区的头发分成三股烫卷。

STEP 12　按顺序将三股卷发沿着后发区的发辫固定。

STEP 13　最后在右侧头顶区佩戴饰品花，整个造型就完成了。

造型提示

左右两侧分别运用了一反一
正的加辫手法，完全不同的两
种编发结合刘海区的宫廷卷筒
效果，让整个造型更具特色，
带有中西合璧的味道。

STEP 01 　将头顶头发进行适当打毛，然后梳理顺滑，接着在右侧刘海区勾出一股头发，均匀分为三股交叉编织。

STEP 02 　编织一节后，在右手边勾出一股头发，将其添加进右侧的一股中，合并后再编织。

STEP 03 　按以上手法围绕头顶依次添加右侧头发，编织到脑后，然后用皮筋扎起并固定。

STEP 04 　再从左侧刘海区勾出一股头发，均匀分为三股交叉编织。

STEP 05 　编织一节后，在左手边勾出一股头发，将其添加进左侧的一股中，合并后再编织。

STEP 06 　按相同的手法编织，编至与右侧发辫连接，包围头顶区头发固定。

STEP 07 　接着把左侧耳际处的头发均匀分为三股交叉编织。

STEP 08 　编织一节后，沿着发际线在左手边勾出一股头发，将其添加进左侧的一股中，合并后再编织。

STEP 09 　编至发尾，将发辫固定在后脑勺部位，保留发尾的头发。

STEP 10 　将右侧耳际处的头发均匀分为三股交叉编织。

STEP 11 　编织一节后，沿着发际线在右手边勾出一股头发，将其添加进右侧的一股中，合并后再编织。

STEP 12 　按相同的手法沿着发际线编织。

STEP 13 　编至后脑勺发际线处，把编好的发辫与左侧的发辫连接固定，保留发尾的头发。

STEP 14 　把后发区剩余的头发随意收起，再佩戴小巧的鲜花。

STEP 15 　最后整理整个后发区的轮廓和饱满度，将发尾卷发不规则地穿插在鲜花之中。

造型提示

左右两侧都运用了三股单边加辫的编织手法，由两侧往后发区编织，并将发尾不规则地随意收起，使发型饱满。整个造型展现了一种典雅端庄的感觉。

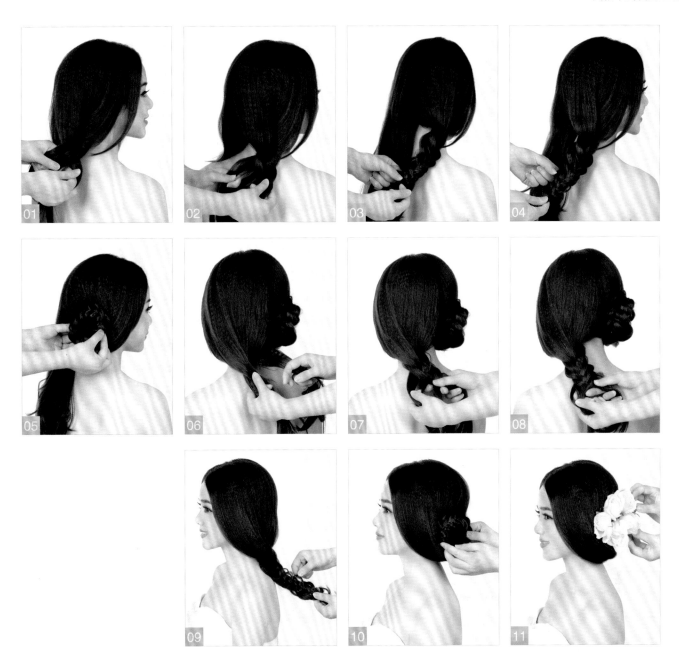

STEP 01   先将刘海中分，再把后发区的头发均匀分成两份，把右侧的头发均匀分为三股交叉编织。

STEP 02   编织一节后，用鱼骨编辫的手法分别在左右两股中勾出一小股头发，往中间交叉编织。

STEP 03   按以上手法进行操作，每编织一节就用鱼骨编辫的手法分别在左右两股中勾出一小股头发，往中间交叉编织。

STEP 04   一直编织到发尾，再将发辫左右两股头发拉松，勾出层次。

STEP 05   把编好的发辫用打卷的手法固定在后发区。

STEP 06   再把左侧的头发均匀分为三股交叉编织。

STEP 07   编织一节后，用鱼骨编辫的手法分别在左右两股中勾出一小股头发，往中间交叉编织。

STEP 08   按以上手法进行操作，每编织一节就用鱼骨编辫的手法分别在左右两股中勾出一小股头发，往中间交叉编织。

STEP 09   用相同的手法一直编织到发尾，再将发辫左右两股头发拉松，勾出层次。

STEP 10   接着把编好的发辫用打卷的手法固定在后发区。

STEP 11   最后在左侧编发发髻处佩戴几朵白色玫瑰花，整个造型就完成了。

造型提示

左右两侧运用鱼骨辫做成对称的两个低发髻。随意自然的鱼骨辫编发结合纯洁淡雅的玫瑰花，给整个造型营造了一种童话般的优雅感觉。

STEP 01　先把所有头发往右侧梳，然后取刘海部位的头发，均匀分为三股交叉编织。

STEP 02　一直三股交叉编至发尾，再把编好的发辫上翻打卷并固定，使刘海线条自然流畅。

STEP 03　接着取左侧头发，往右均匀分为两股交叉扭绳。

STEP 04　将编好的发辫与刘海的编发连接固定。

STEP 05　再取后发区左侧头发，往右分为两股交叉扭绳。

STEP 06　每编织一节就从发际线处勾出一股头发，将其添加在左侧的一股中合并再交叉编织。

STEP 07　按相同的手法依次往右侧编织。

STEP 08　一直编至发尾，再将编好的发辫围绕之前的发髻固定。

STEP 09　然后整理好右侧发辫的发尾形状，使纹理清晰干净。

STEP 10　最后在刘海上方佩戴头饰，整个造型就完成了。

造型提示

这款发型运用了三股编发及两股扭绳编织手法，优雅性感的偏侧编发刘海是整个造型的亮点。完全侧偏的编发效果与刘海柔美的S线条，使整体感觉浪漫有型。

STEP 01　先把头发分为前后两个区，再把后发区的头发沿着后脑勺发际线扎成马尾。

STEP 02　然后将马尾的头发适当打毛，打卷并固定成发包。

STEP 03　接着把前区刘海中分，取右侧刘海区的头发，均匀分为三股交叉编织。

STEP 04　用三股交叉编织的手法一直编至发尾。

STEP 05　把编好的发辫围绕后发区的低发髻固定。

STEP 06　取左侧刘海区的头发，均匀分为三股交叉编织。

STEP 07　用三股交叉编织的手法一直编至发尾。

STEP 08　把编好的发辫围绕后发区的低发髻，与右侧发辫交叉固定。

STEP 09　将已准备好的假发辫围绕后发区发髻固定成波纹形。

STEP 10　将假发辫由左侧围绕发髻，慢慢往右固定成波纹形。

STEP 11　以波纹形围绕发髻一圈。

STEP 12　最后在左侧佩戴白色的头饰花，整个造型就完成了。

造型提示

这款发型将假发辫围绕后发区发髻盘成波纹状，与左右两侧三股编发结合，不但使造型更饱满，而且增加了线条感和层次感，让整个造型端庄而典雅。

STEP 01　先将头发分为前后两个区，再把后发区的头发梳起，扎成马尾并固定。

STEP 02　把马尾适当打毛，然后拧成丸子头。

STEP 03　将前区刘海部位的头发分为两层，先取后面靠发际线的一小股头发，均匀分为三股交叉编织。

STEP 04　编织一节后，从右侧勾出一股头发，将其添加进右侧的一股中，合并后再编织。

STEP 05　编至左侧时，从左侧勾出一股头发，将其添加进左侧的一股中，合并后再编织。

STEP 06　按相同的手法分别左右添加头发编织，一直添加到耳际处，直接进行三股交叉编织。

STEP 07　把编好的发辫围绕头顶的发髻固定。

STEP 08　取额前刘海处的一小股头发，均匀分为三股交叉编织。

STEP 09　编织一节后，从左侧勾出一股头发，将其添加进左侧的一股中，合并后再编织。

STEP 10　按相同的手法依次沿着发际线添加左侧头发编织，注意刘海编发的弧度，不可
　　　　露出发际线。

STEP 11　把编好的发辫沿着编发的分界线盘起。

STEP 12　最后在发髻左侧戴上头饰花，整个造型就完成了。

造型提示

后发区侧边的高发髻与三股
单边加辫的编发刘海自然衔接，
双层的斜边编发刘海使单调的
丸子头增色不少，整个造型
体现出一种高雅的淑
女气质。

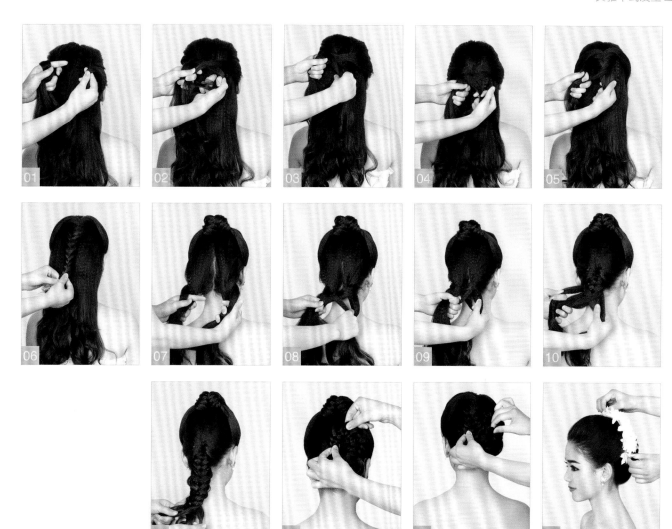

STEP 01　先将头部分为前后两个区，再把前面刘海区中分，分别从两侧各勾出一股头发。

STEP 02　接着把勾出的两股头发相互编织。

STEP 03　再从左侧勾出一股头发，使其与之交叉。

STEP 04　每编织一节就分别从左右两股中各勾出一股，相互交叉编织。

STEP 05　按相同的手法依次往下进行编织。

STEP 06　一直编至发尾。

STEP 07　将发辫盘至头顶。把后发区的头发中分，与上面的手法一样，分别从两侧各勾出一股头发。

STEP 08　接着把勾出的两股头发相互交叉编织。

STEP 09　再从左侧勾出一股头发与之交叉。

STEP 10　每编织一节就分别从左右两股中各勾出一股，相互交叉编织。

STEP 11　按相同的手法依次往下进行编织，一直编至发尾。

STEP 12　将后发区编好的发辫盘至后脑勺。

STEP 13　再把前区的发辫与后发区的发辫并列盘起并固定。

STEP 14　最后在头顶左侧佩戴头饰花，整个造型就完成了。

造型提示

前后两区分别用鱼骨编发
的编织手法上下交叉盘起，
后发区饱满的编发发髻体
现了新娘大方端庄的
气质。

STEP 01   先将刘海中分，再取右侧刘海区一小股头发，均匀分为三股交叉编织，一直编至发尾，用皮筋固定。

STEP 02   沿着第一条发辫下方的发际线勾出一股头发，均匀分为三股交叉编织，一直编至发尾，用皮筋固定。

STEP 03   沿着第二条发辫下方的发际线勾出一股头发，均匀分为三股交叉编织，一直编至发尾，用皮筋固定。

STEP 04   取左侧刘海区一小股头发，均匀分为三股交叉编织，一直编至发尾，用皮筋固定。

STEP 05   沿着第一条发辫下方的发际线勾出一股头发，均匀分为三股交叉编织，一直编至发尾，用皮筋固定。

STEP 06   沿着第二条发辫下方的发际线勾出一股头发，均匀分为三股交叉编织，一直编至发尾，用皮筋固定。

STEP 07   然后将左右两侧编好的六条发辫围绕头顶区相对交叉固定。

STEP 08   再把后发区的披发均匀分为三股交叉编织。

STEP 09   用三股交叉编织的手法一直编至发尾。

STEP 10   将编好的发辫往上收起固定。

STEP 11   最后在后发区佩戴发带蝴蝶结头饰，整个造型就完成了。

造型提示

这是一款完全对称的编发造型，左右两侧分别用三条三股编发相对环绕头顶，后发区的三股辫直接往上收起，盘成饱满圆润的低发髻，使整个造型端庄大气。

[复古欧式发型]

STEP 01 先把所有的头发抓起扎成马尾，再将马尾分为均匀的五份，取其中一份头发，均匀分为两股扭绳编织。

STEP 02 把编好的发辫打卷盘起并固定。

STEP 03 再取第二份头发，均匀分为两股扭绳编织。

STEP 04 把编好的发辫围绕刚才的发卷交错盘起并固定。

STEP 05 再取第三份头发，均匀分为两股扭绳编织。

STEP 06 把编好的发辫围绕之前的发卷交错盘起并固定。

STEP 07 再取第四份头发，均匀分为两股扭绳编织。

STEP 08 把编好的发辫围绕中间的发卷交错盘起并固定。

STEP 09 将剩下的头发用同样的做法扭绳编织盘起，再调整好发髻的轮廓，使其饱满。

STEP 10 最后在发髻处佩戴水晶皇冠，整个造型就完成了。

造型提示

这款发型将所有头发扎成马尾并分为五份，运用了相同的两股扭绳手法。干净利落的编发高发髻使整个造型充满了童话中公主般甜美高雅的气质。

153

STEP 01　先从右侧发区勾出一股头发，均匀分为三股交叉编织至发尾。

STEP 02　把编好的发辫由右往左围绕额头固定，将发尾隐藏。

STEP 03　把右侧刘海区的头发均匀分为三股交叉编织，刘海区的头发需自然垂落成弧形。

STEP 04　编织一节后就在左手边勾出一股头发，添加进左侧的一股中合并。编织手法一定要轻柔，注意松紧度，保持编发轮廓线条的流畅。

STEP 05　每编织一节就在左手边勾出一股头发，将其添加进左侧的一股中，合并后再编织。

STEP 06　按相同的手法操作，顺着右侧编发的轮廓依次往下添加头发并编织。

STEP 07　一直编至后脑勺发际线中间部位，再将编好的发辫往里打卷，收起并固定。

STEP 08　然后把左侧刘海区的头发均匀分为三股交叉编织，刘海区的头发需自然垂落成弧形，尽量与右侧造型轮廓对称。

STEP 09　编织一节后，在右手边勾出一股头发，将其添加进右侧的一股中。编织手法一定轻柔，注意松紧度，保持编发轮廓线条的流畅，尽量与右侧造型轮廓对称。

STEP 10　每编织一节就在右手边勾出一股头发，将其添加进右侧的一股中，合并后再编织。

STEP 11　按相同的手法操作，顺着左侧编发的轮廓依次往下添加头发编织。

STEP 12　一直将剩余的所有头发编织完，再将编好的发辫往里打卷，收起并固定，左右发辫需自然衔接，后发区的整体轮廓要圆润。

STEP 13　最后在头顶佩戴复古的精美皇冠，整个造型就完成了。

造型提示

左右两侧相对的三股加辫编发往里自然衔接收起，使后发区蓬松饱满。中分式的刘海加上额前发辫的复古设计，突显了欧式新娘的高贵与华丽。

155

STEP 01　将整个头部分为前后两个发区，把后发区的头发扎成马尾。

STEP 02　再把前区从中间分为左右两个发区，接着将右侧的头发均匀分为三股交叉编织。

STEP 03　用三股编织的手法一直编至发尾。

STEP 04　然后将编好的发辫从右侧沿着头顶往左侧固定。

STEP 05　再把左侧的头发均匀分为三股交叉编织。

STEP 06　用三股编织的手法一直编至发尾。

STEP 07　再把左侧编好的发辫沿着头顶往右侧拉，将其与第一条发辫并列固定。

STEP 08　把后发区的马尾适当打毛，再把头发扭成弧形固定。

STEP 09　将剩余的发尾打卷，自然蓬松收起固定。

STEP 10　再选一条假发辫，顺着头顶的发辫固定，保证左右长短对称。

STEP 11　把左右的发辫围绕后发区的低发髻交叉盘起并固定。

STEP 12　最后在头顶处佩戴别致的发箍或皇冠即可，整个造型就完成了。

造型提示

中分的刘海，左右两条三股编发分别从两侧相对并列围绕头顶盘起，一条假发辫从头顶开始环绕，交叉围绕后发区发髻，贯穿了整个造型，既丰富了造型的层次，也增添了些欧式新娘的味道。

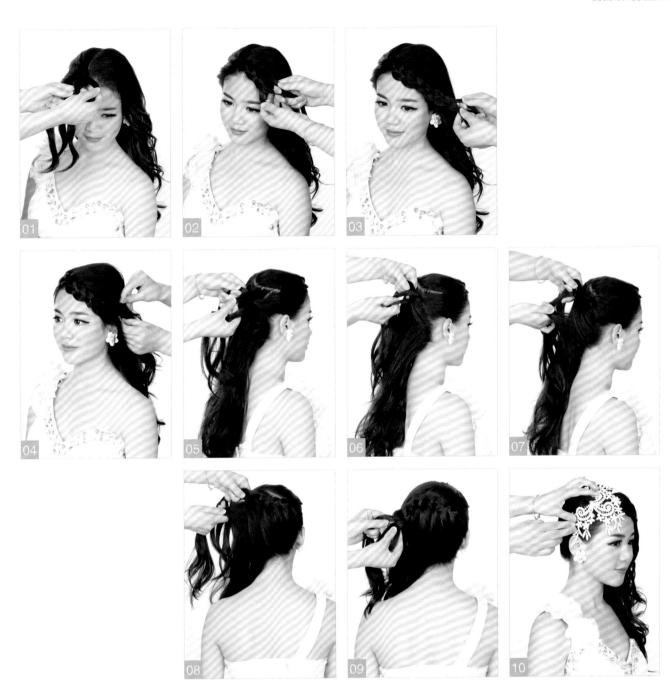

STEP 01   先从顶发区勾出一股头发，均匀分为三股交叉编织。

STEP 02   用三股交叉编织的手法往前继续编织，不宜太紧。

STEP 03   一直编织到发尾。

STEP 04   将编好的发辫沿着额头发际线围绕固定，形成弧形的刘海，发尾需隐藏在左侧头发里。

STEP 05   再把右侧的头发均匀分为三股交叉编织。

STEP 06   编织一节后，在右手边沿着右侧发际线勾出一股头发，将其添加进右侧的一股中。

STEP 07   每编织一节就用相同的手法在右手边沿着右侧发际线勾出一股头发，将其添
          加进右侧的一股中，合并后再编织。

STEP 08   按相同的手法依次由右往左进行编织，注意线条要干净清晰。

STEP 09   一直编织到左侧发区，再将编好的发辫围绕后发区固定，发尾顺着左侧的头
          发自然垂下。

STEP 10   最后在额前右侧佩戴有镂空花纹的饰品，整个造型就完成了。

造型提示

三股加辫手法使后发区蓬松
饱满有层次，额前的编发刘海设
计与镂空花纹饰品是整个造型的
亮点，再加上左侧浪漫的大波浪
卷发，更是营造出了一种异
域的波西米亚风情。

STEP 01　先将刘海四六分，取右侧发区一股头发，均匀分为三股往下交叉编织。

STEP 02　编织一节后，在右手边沿着发际线勾出一股头发，将其添加进右侧的一股中，合并后再往下交叉编织。

STEP 03　编至左侧时，在左手边沿着分界线勾出一股头发，将其添加进左侧的一股中，合并后再往下交叉编织。

STEP 04　按相同的手法依次往下左右添加头发交叉编织，编发是立体呈现在外的。

STEP 05　由上至下一直将右侧发区的所有头发编织完。

STEP 06　再将编好的发辫打卷往上收起，整理好发尾的线条。

STEP 07　然后在左侧刘海区取一股头发，均匀分为三股交叉编织。

STEP 08　编织一节后，在左手边沿着发际线勾出一股头发，将其添加进左侧的一股中，合并后再往下交叉编织。

STEP 09　编至右侧时，在右手边沿着分界线勾出一股头发，将其添加进右侧的一股中，合并后再往下交叉编织。

STEP 10　按相同的手法进行操作，依次往下左右添加头发交叉编织，一直将左侧发区剩余的所有头发编织完。

STEP 11　将编好的发辫打卷往上收起，整理好发尾的线条。

STEP 12　最后在头顶佩戴可爱的皇冠，整个造型就完成了。

造型提示

左右两侧同时运用三股加辫反编的编织手法，线条清晰的反编编发立体干净，与后发区发尾不规则的卷发自然结合，使整个造型体现出了清纯甜美的感觉。

STEP 01   先把刘海四六分，取右侧刘海区的头发，均匀分为三股交叉编织。

STEP 02   用三股交叉编织的手法一直编至发尾。

STEP 03   将编好的发辫沿着头顶由右往左固定。

STEP 04   接着将左侧刘海区的头发均匀分为三股交叉编织。

STEP 05   用三股交叉编织的手法一直编至发尾。

STEP 06   将编好的发辫沿着头顶与右侧发辫连接固定。

STEP 07   将后发区分为左右两个区，再将左右侧分别分为上下两层。先将右侧上面一层头发均匀分为三股交叉编织。

STEP 08   一直编织到发尾，接着把编好的发辫往头顶中间收起。

STEP 09   把左侧上面一层头发均匀分为三股交叉编织，一直编织到发尾。

STEP 10   再把编好的发辫往头顶中间收起，与右侧发辫自然衔接。

STEP 11   把右侧下方剩余的头发分成三股交叉编织，一直编织到发尾。

STEP 12   把编好的发辫往后发区收起，使其与之前的发辫自然衔接。

STEP 13   再用相同的手法将左侧剩余的头发编织完，继续往后发区收起。

STEP 14   最后在头顶佩戴公主式的皇冠，整个造型就完成了。

造型提示

整个造型由六条三股发辫组成，左右两侧的发辫分别往后发区收拢，打造出随意饱满的编发效果。

STEP 01　先把刘海四六分，再取头顶左侧的一小股头发，均匀分为三股交叉编织。

STEP 02　编织一节后，沿着头顶在右手边勾出一股头发，将其添加进右侧的一股中。

STEP 03　编至左侧时，在左手边勾出一股头发，将其添加进左侧的一股中。

STEP 04　按相同的手法沿着头顶从左往右添加头发编织。

STEP 05　编至右侧刘海区时，需把刘海头发添加进右侧的一股中，注意刘海的线条要自然流畅。

STEP 06　继续添加头发，往耳际下方编织。

STEP 07　编织到耳际下方时，直接用三股交叉编织的手法编至发尾。

STEP 08　将编好的发辫顺着头顶编发的分界线由右往左固定，并隐藏分界线。

STEP 09　接着把左侧刘海区的头发均匀分为两股。

STEP 10　把两股头发交叉扭绳编织，一直编织到发尾。

STEP 11　再将编好的发辫与右侧的发辫相对并列固定。

STEP 12　最后在头顶左侧部位佩戴网纱头饰，整个造型就完成了。

造型提示

顶发区围绕着蓬松简洁的三股编发，线条柔美的偏分刘海加上后发区随意动感的披发，整个造型体现出了清秀甜美的感觉。

STEP 01   先分出顶发区，再把顶发区头发打毛，将表面梳理顺滑后，将头发扭成发包固定。

STEP 02   接着把后发区剩余的头发打毛，用打卷手法固定成发髻。

STEP 03   再把前区扭包的发尾往后梳理，先取刘海中间部分的头发，均匀分为三股交叉编织。

STEP 04   编织一节后，从右手边勾出一股头发，将其添加进右侧的一股中，合并后再编织。

STEP 05   编至左侧时，从左手边勾出一股头发，将其添加进左侧的一股中，合并后再编织。

STEP 06   按相同的手法依次往下左右添加头发编织。

STEP 07   一直添加编织完剩余的头发。

STEP 08   直接用三股编织的手法编织到发尾。

STEP 09   将编好的发辫打卷并往里收起，用发卡固定，整理好造型的轮廓，使其蓬松饱满。

STEP 10   将一款淑女式发箍佩戴在头顶，整个造型就完成了。

造型提示

表面看似简单的三股编发造型，其实里面另有文章。在编发的里面运用了包发的手法，高耸饱满的大发包令整个造型更加大气时尚。

STEP 01　先将刘海区四六分，再取右侧头顶部位一小股头发，均匀分为三股交叉编织。

STEP 02　编织一节后，沿着右侧发际线边缘镂空勾出一小股头发，将其添加进右侧的一股中。

STEP 03　编至左侧时，沿着头顶左侧的分界线边缘镂空勾出一小股头发，将其添加进左侧的一股中。

STEP 04　按相同的手法进行操作，每编织一节就左右镂空勾出一股头发，将其添加后再编织，沿着发际线从左往右编织。

STEP 05　添加编织到耳际处时，沿着发际线在右手边勾出一股头发，添加进右侧的一股中。

STEP 06　每编织一节就在右手边勾出一股头发，将其添加进右侧的一股中，合并后再编织。

STEP 07　用相同的手法沿着后发区发际线由右往左继续添加并编织。

STEP 08　围绕顶发区编织，注意手法不宜过紧，线条纹理要清晰。

STEP 09　一直添加编织完左侧额前所有的头发。

STEP 10　直接用三股交叉编织的手法编至发尾。

STEP 11　再将编好的发辫往里折起固定，隐藏好头顶的分界线。

STEP 12　最后在顶发区以仿真花和网纱进行装饰，整个造型就完成了。

造型提示

右侧刘海区是镂空式加股编发，编织到后发区时直接运用了单股加辫手法，增强了造型的层次感和空气感。两侧刘海区的设计体现了整个造型优雅甜美的风格。

STEP 01　将头部分为前发区和后发区，把后发区的头发做单包固定。

STEP 02　再把包发发尾的所有头发分股均匀烫卷。

STEP 03　然后把前区刘海四六分，取左侧的一小股头发，均匀分为三股交叉编织。

STEP 04　编织一节后，从右手边勾出一股头发，将其添加进右侧的一股中，合并后再编织。

STEP 05　编至左侧时，从左手边勾出一股头发，将其添加进左侧的一股中，按相同的手法依次往下进行编织。

STEP 06　一直添加编织完左侧的所有头发，然后把编好的发辫往上翻起固定。

STEP 07　右侧与左侧的制作方法相同，先取一小股头发，均匀分为三股交叉编织。

STEP 08　编织一节就分别从左右两侧勾出一股头发，将其添加进其中一股中，合并后再编织。

STEP 09　按相同的手法依次往下进行编织，然后把编好的发辫往上翻起并固定。

STEP 10　接着整理好头顶发尾的轮廓，使其饱满，前区的发尾与后发区的头发要自然融合。

STEP 11　最后在头顶右侧佩戴鲜花，整个造型就完成了。

造型提示

前区的三股加辫编发与后发区的包发发卷结合，随意蓬松的制作手法让整个造型没有紧绷感，后发区不规则的发尾设计也增加了发型的层次感。

STEP 01　先将刘海中分，再取左侧刘海区的头发，均匀分为三股交叉编织。

STEP 02　用三股交叉编织的手法一直编至发尾，然后将编好的发辫从头顶往右围绕固定。

STEP 03　再取右侧刘海区的头发，均匀分为三股交叉编织。

STEP 04　用三股交叉编织的手法一直编至发尾，然后将编好的发辫从头顶往左拉，将其与右侧发辫并列固定。

STEP 05　接着从右侧发际处勾出一小股头发，均匀分为三股交叉编织。

STEP 06　编织一节后，沿着右侧发际线勾出一股头发，将其添加进右侧的一股中，合并后再编织。

STEP 07　每编织一节就按相同的手法沿着右侧发际线添加头发再编织。

STEP 08　编织到后脑勺发际线时停止添加头发，接着用三股交叉编织的手法编至发尾，将编好的发辫与头顶的发辫交叉固定。

STEP 09　再取左侧耳际处的头发，均匀分为三股交叉编织。

STEP 10　编织一节后就沿着左侧发际线勾出一股头发，添加进左侧的一股中合并再编织。

STEP 11　按相同的手法往右侧编织，一直将剩余的所有头发编织完，再继续编至发尾。

STEP 12　将编好的发辫顺着之前的发辫固定。

STEP 13　最后在头顶佩戴精美的发箍，整个造型就完成了。

造型提示

刘海两侧的三股编发左右相交，后发区的三股加辫编发与之衔接，使造型饱满而有层次感。整个编发造型既高雅又华丽。

STEP 01　先将刘海中分，然后取一条发带作为头饰放在头顶。

STEP 02　将发带围绕整个头部，在左侧系成蝴蝶结。

STEP 03　取右侧刘海区的一股头发，均匀分为三股交叉编织。

STEP 04　用三股交叉编织的手法一直编至发尾。

STEP 05　然后将编好的发辫围绕头顶，在后发区中间部位用发卡固定。

STEP 06　接着将左侧刘海区的一股头发均匀分为三股交叉编织。

STEP 07　用三股交叉编织的手法一直编至发尾。

STEP 08　最后将编好的发辫围绕头顶与右侧发辫相对连接，用发卡固定，整个造型就完成了。

造型提示

两侧各一小股头发编织的
三股辫围绕在后发区固定，
随意披下的浪漫卷发让整
个造型散发着希腊式的
优雅气息。

STEP 01　先将头发从中间分界，再用皮筋分别将两侧头发扎成同等高度的马尾。

STEP 02　将左侧马尾均匀分为三股交叉编织。

STEP 03　用三股编织的手法一直编至发尾。

STEP 04　再将编好的发辫从左往右围绕右侧的马尾固定。

STEP 05　接着将右侧马尾的头发均匀分为三股交叉编织。

STEP 06　用三股编织的手法一直编至发尾。

STEP 07　再把编好的发辫从右往左围绕左侧的马尾固定，将发尾收进发辫里。

STEP 08　整理好后发区发髻的轮廓，使其饱满。

STEP 09　最后在头顶佩戴复古的皇冠，整个造型就完成了。

造型提示

简单的两条三股编发马尾左右交叉，干净简约的中分编发造型搭配上复古的欧式皇冠，使整个造型大气高贵。

STEP 01   先取额前刘海区一股头发扭绳，不规则地打卷盘起并固定。

STEP 02   分别从左右两侧刘海区发际线处勾出三股头发交叉编织。

STEP 03   编织一节后，从左手边勾出一股头发，将其添加进左侧的一股中，合并后再编织。

STEP 04   编至右侧时，从右手边勾出一股头发，将其添加进右侧的一股中，合并后再编织。

STEP 05   按相同的手法依次往下进行编织，一直编至后脑勺。

STEP 06   将编好的发辫往上盘起并固定，与额前发卷衔接。

STEP 07   接着把后发区的头发往上梳起，分为两股交叉扭绳编织。

STEP 08   用两股扭绳的编织手法一直编至发尾。

STEP 09   然后把编好的发辫继续往上盘起，将其与头顶的发髻连接固定，再整理出头顶发尾的形状轮廓。

STEP 10   最后在头顶左侧佩戴满天星，整个造型就完成了。

造型提示

此造型运用两股扭绳手法与三股加辫的编织手法，松散随意的两股扭绳麻花辫配以鲜花，使整个造型甜蜜浪漫中又略带个性。

STEP 01　先将刘海中分，然后从头顶分区，将头顶两侧的头发分别扎成马尾。

STEP 02　把右侧马尾的头发均匀分为三股交叉编织。

STEP 03　用三股交叉编织的手法一直编织到发尾。

STEP 04　再将编好的头发用皮筋扎起并固定。

STEP 05　再把左侧马尾的头发均匀分为三股交叉编织。

STEP 06　用三股交叉编织的手法一直编织到发尾。

STEP 07　再将编好的头发用皮筋扎起并固定。

STEP 08　然后把左右两侧的发辫分别往外卷起并固定。

STEP 09　接着把两条发辫的发尾用皮筋扎起并固定。

STEP 10　最后在额前佩戴精致的皇冠，整个造型就完成了。

造型提示

整个造型的特点体现在后发区心形的编发设计，以及额前复古的钻饰佩戴。后发区的两条三股编发盘成心形，为简单的编发效果增添了个性浪漫的元素。

STEP 01 先从左侧刘海区勾出一小股头发，均匀分为三股往下交叉编织。

STEP 02 编织一节后，从右手边沿着发际线边缘勾出一股头发，将其添加进右侧的一股中，合并后再往下编织。

STEP 03 编至左侧时，从左手边沿着发际线边缘勾出一股头发，将其添加进左侧的一股中，合并后再往下编织。

STEP 04 每编织一节就以相同的手法依次由左往右继续添加头发并进行编织。

STEP 05 编至耳际时，开始由右往左添加头发并进行编织。

STEP 06 编至右侧时，从右手边沿着发际线边缘勾出一股头发，将其添加进右侧的一股中，合并后再往下编织。

STEP 07 编至左侧时，从左手边沿着发际线边缘勾出一股头发，将其添加进左侧的一股中，合并后再往下编织。

STEP 08 用同样的手法一直编至左侧耳际处，开始往左侧编织。

STEP 09 用相同的手法继续由左往右添加头发编织。

STEP 10 一直将所有剩余的头发编织完，再直接用三股交叉编织的手法编至发尾。

STEP 11 接着把编好的发辫顺着后发区发辫的线条盘起并固定。

STEP 12 最后在头顶左侧佩戴白色饰品，整个造型就完成了。

造型提示

三股左右加辫的反编手法贯穿整个造型，S形的设计效果突显了时尚大胆的摩登范儿，优雅流畅的编发线条是整个造型的亮点。

183

[浪漫田园发型]

STEP 01   先把顶发区头发进行打毛，使其蓬松饱满。接着在左侧刘海区勾出一股头发，扭绳围绕后发区固定。

STEP 02   继续在左侧勾出一股头发扭绳，在后发区第一股头发的下方固定。两股头发需间隔一定的距离，保证线条清晰。

STEP 03   继续在左侧勾出一股头发扭绳，在后发区第二股头发的下方固定。三股头发的间距要相等。

STEP 04   然后将右侧发区的头发均匀分为三股编织。

STEP 05   编织一节后，从左手边勾出一股头发，将其添加进左侧的一股头发中。

STEP 06   按同样的手法依次往下添加左侧头发编织。

STEP 07   当添加至后发区的头发与左侧三股扭绳连接后，停止添加头发。

STEP 08   将剩余的头发一直编织到发尾，用皮筋扎起。

STEP 09   再把刚才扭绳及编发的剩余发尾用打卷的手法不规则地固定在后脑勺中间部位。

STEP 10   然后把后发区的头发均匀分为三股。

STEP 11   运用普通的三股交叉编织的手法一直编到发尾，再用皮筋扎起并固定。

STEP 12   最后将几朵白色小花不规则地穿插在后发区的发卷里，整个造型就完成了。

造型提示

造型左侧运用的是单股扭绳手法，与右侧三股加辫的手法结合，打破了传统的对称式设计，使整体造型变化丰富而不单调。

STEP 01   先将顶发区头发打毛，使其蓬松饱满，再把表面的头发梳理顺滑。

STEP 02   再在右侧耳际后方勾取一小股头发，均匀分为三股。

STEP 03   然后把三股头发交叉编织。

STEP 04   三股编织到发尾并拉向左侧。

STEP 05   把编好的发辫围绕头顶从右侧拉至左侧固定，将发尾隐藏在左侧头发里。

STEP 06   接着在左侧耳际后方取一小股头发，均匀分为三股。

STEP 07   然后把三股头发交叉编织。

STEP 08   用同样的手法三股编织到发尾。

STEP 09   再把编好的发辫围绕在头顶，从左侧拉至右侧，将其与之前的发辫并列固定，
           将发尾隐藏在左侧头发里。

STEP 10   最后在右侧耳际处佩戴几朵小花，整个造型就完成了。

造型提示

头顶简单的两条三股发辫
代替了普通的发箍，整个
造型轻松自然，又多了些
复古小女人的优雅。

STEP 01　将刘海四六分，把左侧发区的头发均匀分为三股交叉编织。

STEP 02　每编织一节就在左手边勾出一股新的头发，将其添加进左边的一股中继续编织。

STEP 03　依次按以上手法操作，一直顺着发际线勾左手边的头发添加编织。始终保持三股编发，线条要清晰干净。

STEP 04　编织到后发区时，从右侧勾出刘海部分头发，将其添加到发辫的一股中合并。注意右侧刘海呈现的自然弧形不可破坏。

STEP 05　将右侧第一次添加的头发交叉编织后，再从左侧勾出一股头发添加合并。

STEP 06　每编织一节后都需从左右各勾出一股头发添加。

STEP 07　按相同的手法依次左右添加剩余的头发，继续往下编织。

STEP 08　按相同的手法操作，直到将所有剩余的头发添加编织完。

STEP 09　再用普通三股编发的手法交叉编织到发尾，用皮筋扎起。

STEP 10　最后佩戴一款别致的蝴蝶结，整个造型就完成了。

造型提示

此款轻松简约的新娘造型
运用了三股加辫的手法，不
仅随意清纯，而且在饰品的
佩戴上也很具多样性。

STEP 01　先在左侧耳际处勾出一小股头发，均匀分为三股交叉编织。

STEP 02　编织一节后在右手边勾出一股头发，将其添加进右侧的一股中，合并后再编织。

STEP 03　每编织一节都需从右手边顺着发际线勾出一股头发，将其添加进右侧的一股中，合并后再编织。

STEP 04　一直沿着头顶从左侧往右侧按同样的手法继续编织。

STEP 05　编织到右侧耳际时要适当收紧，并开始从右侧发际线勾出头发向左拉，将其添加进右侧的一股中合并。

STEP 06　使用相同的手法操作，依次从右侧发区沿着后脑勺发际线往左侧发区添加头发并编织。

STEP 07　编织至左侧耳际下方时停止添加头发。

STEP 08　将编好的发辫用皮筋扎起。

STEP 09　再把发辫围绕左侧披下的头发盘起，用发卡固定。

STEP 10　最后在左侧的耳际下方佩戴几朵小花，整个造型就完成了。

造型提示

这款造型运用单股加辫的编发手法，环绕整个头部展开，把头发收得清爽饱满。从背面看，整个造型更是别具一格，层次感、线条感都突显了造型的精细。

STEP 01　先将发尾的头发有层次地烫出大波浪卷。

STEP 02　接着在右侧耳上方发际线处勾出一小股头发，均匀分为三股。

STEP 03　将三股头发交叉编织，编织一节后就在左手边勾出一股头发，将其添加进左侧的一股头发中，合并后再交叉编织。

STEP 04　编至右侧时，在右手边沿着发际线勾出一股头发，将其添加进右侧的一股头发中，合并后再交叉编织。

STEP 05　编至左侧时，在左手边沿着发际线勾出一股头发，将其添加进左侧的一股头发中，合并后再交叉编织。

STEP 06　按相同的手法沿着右侧发际线依次往下左右添加头发交叉编织。

STEP 07　从右侧往左侧继续添加头发编织。

STEP 08　编织到后脑勺时停止添加头发，用皮筋把发辫扎起。

STEP 09　再将编好的发辫固定在后发区，理顺发尾线条，使其与左侧的披发线条一致。

STEP 10　最后在编发的收尾处斜戴几朵小白花，整个造型就完成了。

造型提示

这款造型运用蓬松随意的侧面斜编设计，与浪漫的大波浪卷发结合，使整个造型在个性时尚中散发着性感风情的韵味。

 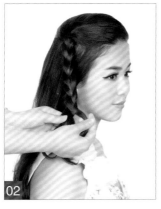  

STEP 01　先分出顶发区，再将顶发区的头发均匀分为三股交叉编织。

STEP 02　用三股交叉编织的手法一直编织到发尾。

STEP 03　把编好的发辫用打卷的手法盘起，固定在头顶右侧。

STEP 04　再分出左侧耳际处的头发，均匀分为三股交叉编织。

STEP 05　编织一节后在左手边沿着发际线勾出一股头发，将其添加进左侧的一股中。

STEP 06　用相同的手法由上往下、由左往右依次添加左侧头发，合并后再编织。

STEP 07　按相同的手法一直将右侧所有的头发添加编织完。

STEP 08　直接用三股交叉编织的手法编织。

STEP 09　一直编至发尾，用皮筋扎起并固定。

STEP 10　将编好的发辫围绕头顶右侧的发髻盘起。

STEP 11　最后在发髻处佩戴几朵白色小花即可，整个造型就完成了。

造型提示

整个造型分为头顶区与后发区，分别用打卷的手法将编发盘在头顶右侧。后发区的三股加辫效果是最为重要的部分，线条清晰，轮廓圆滑，形态饱满，右侧的编发发髻突显了新娘的活泼可爱。

STEP 01　先从刘海区左侧勾出一股头发，均匀分为两股，用扭绳的手法交叉编织。

STEP 02　扭绳编织一节后，沿着左侧发际线在左手边勾出一股头发，将其自然添加进其中一股中。

STEP 03　扭绳编织一节后，继续沿着左侧发际线往下勾出一股头发，将其自然添加进其中一股中。

STEP 04　按相同的手法依次由上往下添加左侧头发，扭绳编织。

STEP 05　一直编织到耳际处停止添加头发，直接用两股扭绳的手法编织并围绕顶发区固定。

STEP 06　在右侧耳际处勾出一股头发，均匀分为两股交叉扭绳编织。

STEP 07　编织一节后，沿着右侧发际线在右手边勾出一股头发，将其自然添加进其中一股中。

STEP 08　按同样的手法沿着右侧发际线编织，一直编至后脑勺。

STEP 09　直接用两股扭绳的手法编织到发尾。

STEP 10　把编好的发辫围绕顶发区与左侧的发辫交会盘起并固定，将左侧剩余的大波浪卷发自然披下。

STEP 11　最后在耳际处佩戴头饰花，整个造型就完成了。

造型提示

由左侧刘海区斜向编织的两
股扭绳编发与右侧围绕顶发区
的编发相连接，左侧随意披散的
大波浪卷发为整个造型营造
出了浪漫娇柔的感觉。

STEP 01　先从左侧耳际处勾出一小股头发，均匀分为三股交叉编织。

STEP 02　编织一节后，在右手边沿着发际线勾出一股头发，将其添加进右侧的一股中，合并后再编织。

STEP 03　编至左侧时，在左手边勾出一股头发，将其添加进左侧的一股中，合并后再编织。

STEP 04　按相同的手法从左往右依次进行，每编织一节就左右添加头发再编织。

STEP 05　一直沿着发际线编织到右侧颈部，用皮筋扎起并固定。

STEP 06　然后顺着第一条发辫从左侧耳际处勾出一小股头发，均匀分为三股交叉编织。

STEP 07　编织一节后，从左手边勾出一股头发，将其添加进左侧的一股中，合并后再编织。

STEP 08　按相同的手法沿着第一条发辫进行操作，每编织一节就在左手边添加头发，合并后再编织。

STEP 09　编织到颈部发际线时，将其与之前的发辫合并，再往左侧添加右侧头发并编织。

STEP 10　编至左侧时，勾出左侧发际线的一股头发，将其添加进左侧的一股中。

STEP 11　每编织一节就添加左侧的一股头发。

STEP 12　大约编织三节后，用皮筋将发辫扎起并固定。

STEP 13　最后在头顶左侧佩戴鲜花，整个造型就完成了。

造型提示

此造型运用了三股左右加辫
与单股加辫的手法，两股以不同
手法编织的发辫由左侧围绕整个发
际线一圈，额前的鲜花与浪漫花
环式的编发相呼应，让整个
感觉更加清新怡人。

STEP 01　先取额头一股头发，均匀分为三股交叉编织。

STEP 02　编织一节后，在右手边发际线处勾出一股头发，将其添加进右侧的一股中，合并后再编织。

STEP 03　编至左侧时，从左手边勾出一股头发，将其添加进左侧的一股中，合并后再编织。

STEP 04　按相同的手法一直编织到耳际处，停止添加头发，直接用三股编织的手法编至发尾。

STEP 05　把编好的发辫在耳际处环绕盘起。

STEP 06　从左侧刘海区勾出一股头发，均匀分为三股交叉编织。

STEP 07　编织一节后，从左手边勾出一股头发，将其添加进左侧的一股中，由左往右顺着第一条发辫编织。

STEP 08　按同样的手法依次添加头发编织，编织到与第一条发辫连接时停止添加头发，直接三股编织到发尾。

STEP 09　将编好的发辫围绕之前的盘发，用发卡固定。

STEP 10　再从左侧刘海区勾出一股头发，均匀分为三股交叉编织。

STEP 11　编织一节后，从左手边沿着发际线勾出一股头发，将其添加进左侧的一股中。

STEP 12　按相同的手法沿着后发区发际线依次编织，一直编织到发尾。

STEP 13　再把编好的发辫围绕右侧耳际处的盘发固定。

STEP 14　最后在发髻处点缀上鲜花，整个造型就完成了。

造型提示

运用三股加辫手法从左往右编织，三条发辫在右侧耳际处盘起，右侧耳际处的编发发髻让整个造型充满活泼可爱的少女气息。

STEP 01　先将头顶头发进行打毛，再把外表梳理顺滑，接着分别在左右两侧勾取三股头发交叉编织。

STEP 02　用右手沿着右侧发际线勾出一股头发，将其加入三股中，交叉编织，成为四股编发。

STEP 03　编至左侧时，用左手沿着左侧发际线勾出一股头发，将其加入四股中，继续交叉编织，成为五股编发。

STEP 04　编织一节后，从右手边发际线处勾出一股头发，将其添加进右侧的一股中，合并后再编织，保持每股头发一上一下有规律地交叉。

STEP 05　编织到左侧时，从左手边发际线处勾出一股头发，将其添加进左侧的一股中，合并后再编织。同样保持每股头发一上一下有规律地交叉。

STEP 06　按相同的手法进行，每编织一节就添加一股头发，合并后再交叉编织。

STEP 07　一直往下添加完所有的头发。

STEP 08　再用普通三股交叉编织的手法编至发尾。

STEP 09　然后把编好的发辫往里折起并固定。

STEP 10　最后将桔梗围绕头顶固定成花环状，整个造型就完成了。

造型提示

以五股交叉加股的手法编织，犹如编织竹篮，一上一下有规律地进行。整个造型线条丰富且层次感强，搭配上淡雅的桔梗，时尚中充满着浪漫气息。

STEP 01   先将刘海四六分，再把刘海左侧的头发均匀分为两股交叉扭绳编织。

STEP 02   交叉扭绳一直编织到发尾。

STEP 03   将编好的发辫在左侧额前环绕打卷盘起。

STEP 04   再取右侧发区的头发，均匀分为两股交叉扭绳编织。

STEP 05   用相同的手法一直编织到发尾。

STEP 06   把编好的发辫由右往左围绕，与左侧发辫连接。

STEP 07   然后把后发区的头发均匀分为两股，交叉扭绳编织。

STEP 08   按相同的手法一直往头顶编织到发尾。

STEP 09   再将编好的发辫与左侧额前的发髻连接并环绕固定。

STEP 10   最后在右侧顶发区佩戴鲜花和网纱，整个造型就完成了。

造型提示

整个造型运用了两股扭绳的
编发手法，左侧额前俏丽的发
髻设计可以修饰额头，头顶鲜
花和网纱的搭配让整个造型
效果更加甜美秀丽。

STEP 01　先将所有的头发梳至左侧，然后取刘海部分头发，均匀分为三股往下交叉编织。

STEP 02　从右手边勾出一股头发，将其添加进右侧并往下交叉编织，保持每股头发有序上下编织。

STEP 03　再取右手边一股头发，将其添加进右侧并往下交叉编织。

STEP 04　再将最后一股头发编织，一共添加成六股编发。

STEP 05　把六股头发继续一上一下交叉编织，保持每股头发有规律地往下编织。

STEP 06　按相同的手法依次上下编织。

STEP 07　一直编织到发尾。

STEP 08　再将编好的发辫往左侧打卷。

STEP 09　紧贴左侧脸颊用发卡固定。

STEP 10　最后在发髻处佩戴精巧的饰品花，整个造型就完成了。

造型提示

此造型运用了六股交叉编织的编发手法，完全侧偏的编发发髻设计使整个造型充满了复古的女人味儿。

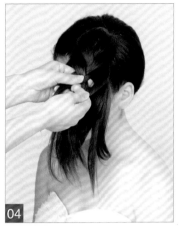

STEP 01　先将头发梳至头顶，扎成马尾，再从马尾里勾出一小股头发，紧紧围绕皮筋绑住，用发卡固定。

STEP 02　在马尾里勾出均匀的三股头发交叉编织。

STEP 03　编织一节后，在左手边勾出一股头发，将其添加进左侧的一股中，合并后再编织。

STEP 04　编至右侧时，在右手边勾出一股头发，将其添加进右侧的一股中，合并后再编织。

STEP 05　每编织一节就按相同的手法左右添加头发编织。

STEP 06　添加完发尾的头发后，就直接用三股交叉的手法编织。

STEP 07　一直编至发尾，用皮筋扎起并固定。

STEP 08　将编好的发辫围绕马尾根部打卷盘起并固定，再将编发发髻整理蓬松。

STEP 09　最后在编发发髻周围佩戴鲜花，整个造型就完成了。

造型提示

将头顶简单的马尾以三股加辫的手法编辫并盘成发髻，额前的编发效果让整个造型更加活泼俏丽。

STEP 01 先将刘海中分，再取右侧刘海区一小股头发，均匀分为三股交叉编织。

STEP 02 编织一节后，在左手边勾出一股头发，将其添加进左侧的一股中，合并后再编织。

STEP 03 每编织一节就在左手边勾出一股头发，将其添加进左侧的一股中，合并后再编织。

STEP 04 按相同的手法沿着右侧发际线由上往下编织。

STEP 05 一直编织到后脑勺发际线中间部位停止添加头发，将编好的发辫外翻收起并固定。

STEP 06 接着取左侧刘海区一小股头发，均匀分为三股交叉编织。

STEP 07 编织一节后，在右手边勾出一股头发，将其添加进右侧的一股中，合并后再编织。

STEP 08 每编织一节，在右手边勾出一股头发，将其添加进右侧的一股中，合并后再编织。

STEP 09 按相同的手法沿着左侧发际线由上往下编织，将左侧剩余的所有头发编织完。

STEP 10 再将编好的发辫同样折起，往上翻并固定。

STEP 11 最后将鲜花在头顶围成花环，整个造型就完成了。

造型提示

此造型运用了左右对称的
三股单边加辫的编织手法，
优雅中带着个性的中分编发
被鲜花围绕，唯美浪漫的
田园风一展无遗。

  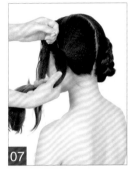  

  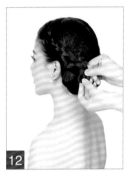 

STEP 01　先把头发中分，然后在右侧分出刘海区，再将右侧后发区的头发扎成马尾。

STEP 02　把头发从马尾中间穿过。

STEP 03　然后把发尾均匀分为三股交叉编织。

STEP 04　一直交叉编织到发尾，再把编好的发辫环绕打卷，盘起并固定。

STEP 05　把刘海的头发均匀分为三股交叉编织。

STEP 06　一直编织到发尾，接着把编好的发辫围绕右侧的编发低发髻固定。

STEP 07　然后在左侧分出刘海区，将左侧后发区的头发扎成马尾。

STEP 08　同样把头发从马尾中间穿过。

STEP 09　把发尾均匀分为三股交叉编织，一直编至发尾。

STEP 10　再把编好的发辫环绕打卷，盘起并固定。

STEP 11　将刘海的头发均匀分为三股交叉编织。

STEP 12　一直编织到发尾，接着把编好的发辫围绕右侧的编发低发髻固定。

STEP 13　最后选一些可爱的小花和头纱佩戴在头顶左侧，整个造型就完成了。

造型提示

整个造型运用了简约的三股编发手法，干净整洁的中分和对称的上下左右编发体现了复古端庄的田园风。

215

STEP 01　先将刘海三七分，再从左侧刘海区勾出一小股头发，均匀分为三股交叉编织。

STEP 02　编织一节后，在右手边勾出一股头发，将其添加进右侧的一股中，合并后再编织。

STEP 03　编至左侧时，在左手边勾出一股头发，将其添加进左侧的一股中，合并后再编织。

STEP 04　按相同的编织手法沿着左侧发际线依次左右添加头发编织。

STEP 05　一直编至耳际处停止添加头发。

STEP 06　直接用三股编织的手法编织到发尾。

STEP 07　将编好的发辫围绕左侧耳际打卷盘起。

STEP 08　然后把顶发区的头发打毛，将表面梳理顺滑，扭成发包固定。

STEP 09　再把发包剩余的发尾用三股交叉编织的手法进行编织，一直编至发尾。

STEP 10　将编好的发辫顺着耳际处的发髻围绕固定。

STEP 11　把后发区的头发放置在左右两侧披下，最后在头顶部位戴上淡黄色的鲜花，整个造型就完成了。

造型提示

左侧刘海盘绕的编发发髻，为头顶简单的编发效果增添了许多清纯可爱的味道。两侧柔顺飘逸的披发让整个造型更加甜美。

STEP 01 先将刘海四六分，再从右侧刘海区勾出一小股头发，均匀分为三股交叉编织。

STEP 02 编织一节后，从左手边勾出一小股头发，将其添加进左侧的一股中，合并后再编织，每编织一节都用相同的手法沿着发际线添加头发编织。

STEP 03 编至耳际处停止添加头发，直接三股编织到发尾，然后将编好的发辫往上收起并固定，注意编发要贴近脸颊，发际线不可外露。

STEP 04 取右侧后发区的头发，均匀分为三股交叉编织。

STEP 05 用三股编织的手法一直编织到头发中间段。

STEP 06 把编好的发辫往右侧收起，保留发尾并使其与刘海区的发辫衔接。

STEP 07 再整理好右侧发尾卷发的形状，使其凌乱有序，饱满而有空气感。

STEP 08 然后把左侧刘海区的头发均匀分为三股交叉编织。

STEP 09 与右侧刘海区的操作手法相同，每编织一节就从右手边勾出一小股头发，将其添加进右侧的一股中，合并后再编织，一直编织到头发中间段。

STEP 10 然后将编好的发辫往下收起固定，注意发辫要贴近脸颊，发际线不可外露。

STEP 11 接着取左侧后发区的头发，均匀分为三股交叉编织，一直编至头发中间段。

STEP 12 把编好的发辫往左侧收起，保留发尾并使其与刘海区的发辫衔接，整理好右侧发尾卷发的形状，使其凌乱有序，饱满而有空气感。

STEP 13 最后在头顶戴上鲜花，整个造型就完成了。

造型提示

此造型运用三股加辫的编发手法，与卷发完美融合。左右两侧凌乱蓬松的卷发发髻让整个造型充满了甜美俏丽的气息，再加上鲜花作为点缀，更加清新迷人。

STEP 01　先将头发分为左右两个发区，取右侧刘海区一小股头发，均匀分为三股交叉编织。

STEP 02　编织一节后，从右手边沿着发际线边缘镂空勾出一小股头发，将其添加进右侧的一股中，合并后再编织。

STEP 03　编至左侧时，从左手边沿着中间的分界线镂空勾出一小股头发，将其添加进左侧的一股中，合并后再编织。

STEP 04　按相同的手法由上往下进行，依次左右镂空勾出一小股头发添加编织。

STEP 05　一直编织完右侧发区所有的头发，直至发尾。

STEP 06　然后勾出发尾一股头发，紧紧缠绕，用发卡固定。

STEP 07　再取左侧刘海区一小股头发，均匀分为三股交叉编织。

STEP 08　编织一节后，从左手边沿着发际线边缘镂空勾出一小股头发，将其添加进左侧的一股中，合并后再编织。

STEP 09　编至右侧时，从右手边沿着中间的分界线镂空勾出一小股头发，将其添加进右侧的一股中，合并后再编织。

STEP 10　按照相同的手法由上往下进行操作，依次左右镂空勾出一小股头发添加编织，然后勾出发尾一股头发，紧紧缠绕并用发卡固定。

STEP 11　最后在头顶左侧佩戴头饰花及网纱，整个造型就完成了。

造型提示

左右两侧发区运用了三股镂空式的加股编发手法，蓬松随意的双肩编发略带复古的感觉，镂空式的编发效果让整个造型更加出彩。

STEP 01　先把刘海四六分，然后取右侧刘海区的一股头发，均匀分为三股交叉编织。

STEP 02　编织一节后，在左手边勾出一股头发，将其添加进左侧的一股中，合并后再编织。

STEP 03　每编织一节就添加左侧一股头发，合并再编织，注意刘海的轮廓线条需流畅自然。

STEP 04　按相同的手法操作，沿着右侧发际线编至颈部。

STEP 05　再把编好的发辫盘至耳际下方。

STEP 06　接着取左侧刘海区头发，均匀分为两股交叉编织。

STEP 07　编织一节后，从左手边沿着发际线勾出一股头发，将其添加进左侧的一股中，合并后再编织。

STEP 08　按相同的手法依次往右侧编织。

STEP 09　一直编至与右侧编发连接，再将编好的发辫不规则地收起固定。

STEP 10　最后在右侧发髻处佩戴几朵头饰花，整个造型就完成了。

造型提示

左侧的两股编发与右侧刘海部位三股单边加股编发相交叉，随意松散的侧边编发发髻设计为造型增添了优雅元素。